U0313384

城市绿色天际线

规划原理与实证 ▶

THE PLANNING PRINCIPLE
AND DEMONSTRATION OF GREEN URBAN SKYLINE

戴德艺◎著

知识产权出版社
全国百佳图书出版单位

图书在版编目(CIP)数据

城市绿色天际线规划原理与实证 / 戴德艺著. —北京:知识产权出版社,2017.6(2018.7重印)
ISBN 978-7-5130-4957-3

Ⅰ.①城… Ⅱ.①戴… Ⅲ.①城市景观－景观设计－研究 Ⅳ.①TU984.1

中国版本图书馆CIP数据核字(2017)第134609号

内容提要

本书综合利用景观生态规划理论、分形理论、城市管理理论等应用学科理论,采用ARGIS、FRAGSTATS、FRACTALYSE等空间分析与统计的技术工具,以研究区滨江城市绿色天际线规划为实证,通过定量化的景观生态格局指数分析,研究城市景观生态格局特征及其变动趋势,评估景观生态格局对天际线规划的影响;通过用地的景观生态适宜性评价,评估天际线用地建设的景观生态适宜性;通过天际线分形特征的量化和评估,评价城市天际线的分形特征。在此基础上,依据用地的景观生态适宜性评价结果,建立天际线高度控制区划方案;依据天际线分形评估结果,提出天际线线形控制目标和策略;依据景观格局特征、变动及其对天际线规划的影响评估结果,完善景观生态保护与建设的天际线规划策略。

责任编辑:安耀东 刘 睿　　　　　　　　　**责任印制:孙婷婷**

城市绿色天际线规划原理与实证
CHENGSHI LÜSE TIANJIXIAN GUIHUA YUANLI YU SHIZHENG
戴德艺 著

出版发行:	知识产权出版社有限责任公司	网 址:	http://www.ipph.cn
电 话:	010-82004826		http://www.laichushu.com
社 址:	北京市海淀区气象路50号院	邮 编:	100081
责编电话:	010-82000860转8534	责编邮箱:	anyaodong@cnipr.com
发行电话:	010-82000860转8101	发行传真:	010-82000893
印 刷:	北京中献拓方科技发展有限公司	经 销:	各大网上书店、新华书店及相关专业书店
开 本:	720mm×1000mm 1/16	印 张:	12
版 次:	2017年6月第1版	印 次:	2018年7月第2次印刷
字 数:	166千字	定 价:	58.00元

ISBN 978-7-5130-4957-3

目　录

第1章 绪 论

1.1 研究背景

天际线是城市形体轮廓的重要表现形式，是城市景观资源的重要组成部分。天际线景观的变化、天际线研究的发展植根于城市环境，是城市化发展的产物。天际线规划的重视与规划水平的不断提高反映了城市人地关系变化的要求受城市化与生态环境关系变迁的影响。

1.1.1 城市化与城市环境变化

环境和发展是当今全球人类共同面临的两大核心主题。18世纪西方的工业革命浪潮推动了社会生产力和科学技术的巨大进步，人类开始以前所未有的强度和速率改变地球环境，产业化和城市化的持续发展改变了人地生态系统的运行方式，加剧了生态环境的压力，过度碳排放、空气和水污染、全球气候变暖和局地气候异常等环境问题日益严重，人地生态系统的退化引发环境危机，并直接威胁人类自身的生存和发展。

1.1.1.1 全球城市化

城市是当今人居的主流聚落形式，是生产力发展下社会分工的产物，城市起源于手工业和商业出现后人居聚落形式的分化。城市的生产方式和生产关系与村落存在巨大差异，城市与村落的人口空间分布呈现出两种截然不同的形式：城市人口的高度集中和乡村人口的松散分布。高度集中的城市人口决定了城市环境中，人地生态系统之间物质和能量交换具备更高的强度和更快的速率。

城市化是由农业为主的传统乡村聚落向以工业和服务业为主的城市聚落转变的时空过程，因其地域范畴的不同及发展规模的差异，在表现形式上有城镇化和都市化两种类型。城市化的具体标志有人口生活方式的转变、土地利用和地域空间格局的变化，以及地区产业结构的变化等形式。

城市化发展在时间上具备显著的阶段特征。Ray M. Northam 于 1975 年在对欧美发达国家城市化研究中提出，城市化率在时间上呈现为一条被拉长的 S 型曲线（见图 1-1），城市化进程分为三个阶段：第一阶段是起步阶段，城市化率较低（一般低于 25%），发展速度慢，农业仍占产业体系主导地位；第二阶段是加速阶段，当城市化率突破 30% 时，城市化发展进入加速阶段，人口快速向城市聚集，工业和服务业快速发展，城市化加速推进；第三阶段是成熟阶段，当城市化率达到 60%~70%，城市发展水平比较高，城市人口比重的增长趋缓甚至停滞，城市进入稳定发展阶段。

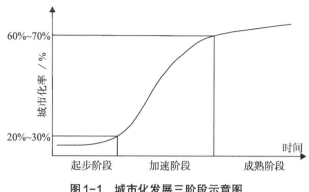

图1-1 城市化发展三阶段示意图

参照城市化三阶段理论，欧美发达地区已经完成城市化发展的起步阶段和加速阶段，进入成熟阶段，全球城市化因地区发展的不平衡，总体发展水平历经起步阶段后，正处于快速发展阶段。起步阶段社会生产力缓慢发展，城市处于慢速扩张的状态。从城市的最早诞生到18世纪末，全球城市化率仅提高至3%左右；至20世纪20年代全球城市化率超过20%。在占据人类文明的大部分时间里，城市均处于发展的起步阶段。加速阶段中产业化的全球普及大幅提高社会生产力，为城市快速发展提供了条件，人口开始向城市快速集中；20世纪20年代末，全球城市化率突破20%后逐步步入城市快速发展阶段，1950年城市化率上升至28.2%，1980年城市化率进一步提高至42.4%，2012年达到52.4%。在城市化快速发展阶段，全球城市化率基本达到每50年增长一倍的速度。

中国的城市化发展从中华人民共和国成立至今的60多年时间里，集中展现了世界城市化变化的缩影。中华人民共和国成立初期，全国城市化率为11.2%，至改革开放初期上升至19.39%，仍处于城市化发展的起步阶段。2000年进一步提高至30.42%，城市化发展进入加速阶段，城市化率以每年平均2个百分点的速度快速增长，2012年提到至52.6%

（见图1-2），城市成为中国人居聚落的首要形式。

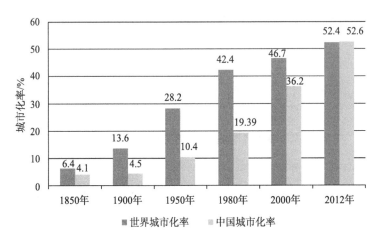

图1-2 世界城市化率和中国城市化率变化情况

数据来源：世界银行WDI数据库。

1.1.1.2 城市化与城市环境变化

人口和生产活动的高度集中强化了人地生态系统的互动关系，在这种强化的互动作用下，人类对环境施加的影响更加强烈，环境问题逐渐成为城市化发展广泛面临的问题。

城市的产生和城市化的发展历程表明，城市对于区域的经济发展、社会形态具有重大影响，城市化的进程同经济的发展、科学技术和文化教育水平提高、人口健康状况的普遍改善及更好的社会公共服务的获取紧密联系。城市化促进人口和产业的空间集聚，带动了各种经济活动和社会活动在城市地域内的繁荣，全面改变人口的社会形态和地区的空间发展格局。城市化的集聚效应促进人口和社会发展水平的提高，而集聚效应作用同时也带来城市人口、用地的快速膨胀，人口密集、环境污染及自然生态景观破坏等问题日愈显著。

城市生活方式和工业化发展水平正深刻改变着地球生命支持系统。在快速城市化地区，城市生态系统面临最剧烈的环境污染、生态退化和景观破碎。城市生态环境恶化，影响人地生命系统的功能，威胁人类自身生存。环境问题的加剧迫切要求在城市规划、设计中以环境持续发展为基本目标，在规划指导思想、规划过程、规划成果中充分体现城市环境目标。

1.1.2 城市天际线与天际线规划

天际线的规划理念雏形可以追溯至19世纪末到20世纪初——工业化城市垂直空间形态的快速变化时期，最具代表性的如巴黎的埃菲尔铁塔规划和美国芝加哥、纽约等城市的摩天大楼建设。目前，对城市天际线概念有两种不同的认识，一是将天际线视为城市人工环境与天空结合构成的景观，二是将城市中的人工和自然环境整体和城市地表（自然或人工）与天空的分隔线形成城市天际线[1]。城市天际线是城市相对某一视域所展示的城市环境空间轮廓，是城市人地关系中的一种重要景观[2-5]（见图1-3）。高楼大厦与天空构成的整体结构，或者由许多摩天大厦所构成的局部景观。天际线作为城市整体结构的人为天际，提供城市意象的集中展示。

天际线是城市意象理论与实践研究的基本对象之一。城市意象将城市视同建筑，以大于建筑的尺度感知城市的形象（意象）及其空间结构。城市意象的可识别性和可营造性是天际线规划实践的基本出发点。天际线已逐步成为城市空间发展管理的重要对象，天际线规划追求城市整体意象与环境的协调发展及城市天际线意象的个性塑造。

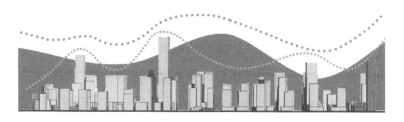

图1-3 城市天际线示意图

随着全球城市化进程的推进，城市新型景观——天际线已成为城市规划和设计的重要对象。天际线概念的提出与规划实践是多学科应用的产物，以景观生态学、生态城市理论、人地关系协调理论及城市可持续发展环境观为城市天际线组织提供生态思维。认知心理学、城市意象理论及城市形态理论使天际线环境中的人类主体分析具备可能。

区域城市环境发展趋势下，在对城市及其所处自然环境的充分认识基础上，以城市环境协调为基础目标，对天际线进行合理规划，已成为引导城市规划管理、确定城市规划建设指标以及塑造城市整体形象的重要工作。

1.2 国内外研究进展及相关理论基础

1.2.1 城市天际线国外研究现状

城市天际线是在近现代城市规划、设计理论和实践深化发展下提出的概念。19世纪末，工业化国家的"摩天大楼"建造活动改变了城市垂直空间形态，天际线概念由此引入，以芝加哥、纽约等城市为代表的天际线成为新景观资源形式。天际线是指能代表城市风格与气质的建筑（群）、山水等自然形体与天空相接的线。国外已有的天际线理论和实践研究主要集中在天际线城市意象识别、天际线组成与结构、天际线高度与形态控制等方面、节能建筑政策与天际线绿化等方面。

1.2.1.1 天际线景观与城市意象识别

Kostof Spiro 认为，天际线是城市的象征，是城市个性的浓缩[11-12]。城市天际线是城市环境特征的重要载体。Lynch Kevin 于1960年在《城市意象》中指出，"人类居住的环境，不仅要有良好的组织结构，还需要富于意象性的外观[13]"。Lynch 于1976年在城市"边界"理论中将城市自然、人工形体都纳入了线性景观（城市线性边界）的内容[14]。天际线展现了城市外部形态的意象，城市意象理论成为天际线研究的基础理论。Christopher Tunnard 于1965年提出，不同的文化类型对应不同的天际线意象[15]。Wayne Attoe 于 1981 年对埃及、意大利等国的历史城市进行天际线解析，对主导形成城市天际意象的关键景观进行识别[16]。Bianca 于 1984 年研究开罗、伊斯坦布尔等伊斯兰城市天际线，提出清真寺的塔尖和圆顶是这些城市天际线的主导意象[17]。DEGW 设计组织于 2002 年在《伦敦的天际线、景观与建筑高度》中分析了伦敦天际线的景观功能，以天际线研究作为伦敦城市景观框架规划的重要内容，提出伦敦天际线城市意象建设需要部分新建摩天楼的参与。

1.2.1.2　天际线组成与结构

天际线分为两种形式：一是由特殊的地势、地景形成；二是依据人工建筑对天际线的有意识塑造。Micheal Trieb 于 1979 年对城市形态进行了系统研究，详细阐述了城市天际线的构成要素及组合形式，并着重强调包含天际线等内容为主的城市设计在城市发展中的重要作用[18]，成为现代城市天际线研究的基础理论依据。Walter Bor 于 1972 年提出，20 世纪的城市天际线框架主要由城市电气设施、通信广播塔，以及机场、大型场馆等新型公共设施构成[19]。Wayne Attoe 于 1981 年提出，天际线的景观作用取决于自身的形式、周围的环境和观赏者的主观解读三个要素，拓展了天际线认知理论[16]。

1.2.1.3　天际线高度和形态控制

天际线高度和形态控制方面的研究实践多于理论：Christopher Tunnard 于 1965 年研究分析了城市经济要素对天际线高度的影响，提出在现代城市中经济要素是天际线高度变化的首要因素[15]。Camillo Sitte 于 1979 年的《城市形态研究》强调了城市空间形态的重要性[20]；Nahoum Cohen

于1999年对全球范围内的部分城市进行天际线实证研究，提出在巴黎、京都、耶路撒冷等城市，为保护历史遗产建筑而进行的建筑物高度控制制约了现代高层建筑的正常秩序，而布宜诺斯艾利斯、特拉维夫、墨西哥城、圣保罗等城市，因缺乏高层建筑管理措施，导致天际线无序发展，城市识别性降低[21]。澳大利亚塔斯马尼亚州2000年为城市规划制订天际线和山体风貌规划实施导则（planning guidelines），分析评估城市的视觉意象、自然和文化价值，提出城市意象保护及其环境保障机制，列出城市天际线和山体风貌高度控制目标清单[22]。Ann Shuk-Han Mak 等于2005年运用GIS技术及三维模型，对建筑天际线高度和山体天际线高度控制进行评估、分析并构建天际线设计方案[23]。Samer ABU-GHAZALAH 于2006年、2012年运用GIS技术，建立三维模型研究城市天际线变化，预测天际线发展变化并确定高层建筑控制途径[24-25]。

此外，为了保护具有象征意义的建筑天际线，国外较早采取公共政策和措施，并进行立法，控制城市人工环境高度：法国巴黎通过建筑高度控制立法保证埃菲尔铁塔至今仍是巴黎最高建筑[26]；英国伦敦市为保护圣保罗教堂等历史建筑景观，于1938年立法进行城市局部建筑高度控制[27]；1977年美国威斯康星州麦迪逊市通过立法："在以州政府大厦为中心的1英里范围内，任何建筑和结构物上的任何一部分都不得超过上述州政府大厦基柱高"；德国斯图加特市于1999年立法规定中心城区建筑高度控制标准等[3]。

1.2.1.4 绿色建筑设计与天际线绿化

天际线的环境效应受制于城市人工环境状况，对城市环境中的建构筑物进行能源效率分析和节能设计有助于改善天际线的环境效应。Chris

Koski 认为，天际线绿化依赖于在环境设计中执行绿色建筑标准，制定地区建筑管理政策[28]。1990年英国建筑研究院公布"BREEAM体系（绿色建筑环境负荷评估体系）"，提供绿色建筑的评估标准和设计准则，成为全球首个官方绿色建筑评估系统[29-32]。受英国绿色建筑评估的影响，美国在1996年建立了"LEED体系（建筑能源和环境设计体系）"，从建筑场址可持续性、水资源利用、建筑节能与大气、资源与材料、室内空气质量等方面对建筑进行综合考察，评判其对环境的影响[33-35]。

绿色建筑设计标准的建立在一些城市掀起了城市建筑绿化与天际线绿化运动。纽约市为改善城市环境问题，自1999年首座通过"LEED体系"认证建筑落成后，逐步实施城市建筑绿化，推行新建建筑绿色审核地方法规，实施已有建筑的绿色改造计划[35]。芝加哥市是摩天楼建设及城市天际线高度发展之都，曾是城市规划史上里程碑式的"现代城市美化运动"发源地。但高密度的摩天建筑和由此形成的密集连续的天际线影响了城市的环境质量，环境问题制约了城市发展，一度被称为"黑都"。2000年以来，芝加哥市重点推行摩天大楼及天际线的绿色改造，从绿色屋顶、通风系统、照明系统三方面进行城市绿色改造，降低建筑物平均能耗[36-37]。

1.2.2　城市天际线国内研究现状

国内由于近代工业化和城市化起步晚，天际线理论和实践研究较晚，研究集中在通过引进国外天际线理论，进一步探讨城市天际线理论体系，或以城市实证进行天际线规划控制应用研究等方面。

1.2.2.1 天际线规划与设计应用

芮建勋、徐建华等以上海市2000年中心城区航空影像为基础，基于GIS技术分析城市高层建筑与天际线的分布特点及其影响[38]；恽爽通过分析北京市控制性详细规划调整的历程及控规指标调整工作的现状，总结北京建筑控制高度指标的制定及其对天际线的重要作用[39]；许烨探讨了天际线的评估体系，建立了苏州城市天际线评估体系和控制方向[40]；张建华对烟台市滨海天际线进行层次划分与解析，以天际线组织和塑造为目标，探讨烟台市滨海天际线各层次结构与景观效果的协调组织[41]；黄磊从认知理论和美学角度入手，结合土地利用等因素，指出济南市城市天际线形态设计和优化模式[42]；牟惟勇结合天际线控制方法理论，以青岛市滨海天际线规划为例进行实证研究[43]；吕亚霓基于3DCM的城市天际线提取原理及方法，结合地图学中圆柱投影方法和插值法对西安市城市天际线进行曲线拟合，从微观层面和空间角度提出天际线曲线的影响因子，并将基于影响因子的城市天际线评估方法应用到西安市中心区（钟楼周边）天际线研究[44]。

近年来，国内城市管理决策中天际线专项规划的实施逐渐得到重视。苏州是国内较早将天际线控制列入城市规划管理的城市之一。2009年，苏州市通过《苏州市城市高度研究》，提出以西部山体及现有河湖水系为基础的城市天际线景观格局，加强城市天际线管理。2013年山东省胶南市通过《胶南市中心城区天际线专项规划》，将胶南市海岸线划分为4类高层建筑管制分区。2009年泉州市发布城市天际线控制专项研究报告，在进行天际线要素、景观功能和效果分析的基础上，提出城市天际线层次控制和分区控制的总体方案[45]。

1.2.2.2 城市天际线理论体系探讨

天际线相关理论构建方面，国内研究以天际线定义、结构和功能分析为主。王笑凯根据受观赏者注意的程度将天际线的空间构成要素分为一级控制点、次级控制点和一般控制点，分析了各空间构成要素的作用[46]；毕文婷分析了城市天际线质量的决定因素：一是城市所处的自然地理特征，如山脉、峡谷、河流等；二是城市的建设规划控制，包括建筑风格、高度和形式以及高层建筑的布局；三是城市的动态作用过程，即城市在平面和垂直方向上的变化过程[47]。黄艾将天际线的构成景观按景观质地划分为硬质景观和软质景观，硬质景观主要是建构筑物，软质景观主要包括山地、水体和绿化[48]。杨果利用公众调查方法进行天际线评估体系及空间规划控制研究[49]；廖维和徐燊归纳了天际线的景观类型，包括天际轮廓线、天际线立面形态、天际线层次景观三种形式[50]。

1.2.3 景观生态规划的国内外研究现状

景观生态规划以景观生态学的理论和方法技术研究区域景观生态格局、变化及其规划组织。国内景观生态学专家肖笃宁认为，景观生态规划是以区域景观生态系统整体优化为目标，在景观生态综合分析和评价的基础上，建立区域景观生态系统优化利用的空间结构和模式。景观生态规划综合地理学、生态学、风景园林学、环境科学、城市与区域规划等学科方法和技术，解决城市和环境规划问题。景观生态规划以构建景观与生态、环境之间的协调发展关系为目标，包含两个层次内容：一是宏观环境规划，对区域土地利用、生态和环境支撑体系进行总体安排与布局；二是各类环境详细规划或场地规划，对各类景观实体进行选址和内部环境设施、开放空间布局、设计[51-52]。

1.2.3.1　国外研究情况

George Perkins Marsh 于 1864 年提出的生态规划、John Wesley Powell 于 1879 年提出的生态规划管理与立法、Ebenezer Howard 于 1898 年提出的田园城市规划以及 Patrick Geddes 于 1915 年提出的城市进化等理论和实践奠定了 20 世纪景观生态规划的基础[53-56]。Geddes 认为规划应建立在对客观环境研究基础上，应充分认识自然环境条件，依据地域自然环境潜力与发展约束因素，被认为是系统生态规划设计研究的开始。芝加哥人类生物学派 20 世纪 20~30 年代关于城市景观、功能、绿地系统方面的生态规划，Le Corbusier 提出基于有机功能规划的"光明城"，Elie Saarinen 于 1942 年提出的有机疏散理论和 Frank Lloyd Wright 于 1945 年提出的"广亩城规划"共同形成了景观生态规划的首次繁荣[57-60]。

20 世纪 50 年代以后是景观生态规划快速发展时期。20 世纪 50~60 年代是进一步明确景观生态规划概念及学科初步确立时期[51-52]。美国景观生态学家 Ian L. McHarg 于 1969 年认为，景观生态规划是在无害或多数无害的情形下，对土地特定用途的规划，并将生态学原理应用到城市规划形成相应的规划方法[61]。20 世纪 70 年代以后是景观生态学和景观规划的融合并系统建立景观生态规划方法体系的时期。20 世纪 70 年代，全球环境危机促成了可持续发展观念的繁荣[62-66]，景观生态规划实践进入发展新阶段，景观规划对生态学需求更加强烈，以景观生态要素间联系及景观结构、功能规划为主的景观生态规划成为一门综合性学科。Haber 等于 1972 年编制了第一项景观生态规划方案[67]；于 1974 年创刊的美国

Landscape Architecture 杂志成为景观生态规划的里程碑式事件；环境容纳和生态承载力等概念广泛应用于环境对人类活动限制作用的讨论[68-72]。20世纪80年代起，景观生态规划的空间范畴扩展至自然与社会生态系统交互作用的地域综合体。Richard T. T. Forman 于1986年强调景观生态规划的空间格局，提出"斑块–廊道–基质"景观生态结构模式[73-74]；Frederick Steiner 于1990年构建包含规划目标、方法原则、景观生态分析、规划设计方案制订及实施步骤的景观生态规划框架，并将地理信息系统和全球可持续标准等新技术、方法纳入研究框架[75]。进入21世纪，发展中国家快速城市化背景下，城市生态、环境问题突显，景观生态规划理论迎来更广的阔应用空间。

1.2.3.2　国内研究情况

中国人居生态哲学已有两千多年历史，但现代景观生态规划理论建立较欧美国家晚[51-52]。相关研究工作开始于20世纪80年代，主要集中于对国外研究成果的引进与内化。

理论研究方面，国内的研究主要对景观生态规划理论体系进行归纳与探讨，反映了80年代起景观整体规划和人地复合系统规划视觉发展趋势[76-79]。马世骏等于1984年提出城市复合景观生态系统理论，将城市复合生态系统划分为社会、经济和环境三个相互联系的子系统[80]；王如松于1988年强调生态调控原理在城市规划中的作用[81-82]；陈涛于1991年认为，景观生态规划中应坚持景观整体分析，即从景观整体出发协调人与资源、环境、生态系统之间的关系[83]；王仰麟于1995年提出，景观生态分类包括功能性分类和结构性分类，功能性分类以服务功能类型划分，结构性分类以生态系统固有结构划分[84]；肖笃宁于2001年将景观生态规划定义为运用景观生态学原理，以整体优化区域景观生态系统为基本目标，通过景观生态分析及其综合评价，建立区域景观生态系统优化利用形成的空间结构和模式[85]；郭晋平等于2005年认为，景观生态规划应以寻求区域和景观生态系统功能的整体功能优化可持续为基本目标[86]。

国内学者也提出了一些景观生态规划方面的理论创新。王如松于1988年提出了生态位和生态库概念，强调景观生态的"状态-过程"控制作用[81-82]；俞孔坚于1995年在景观生态规划框架中提出了生态安全格局法，将景观过程（物种变迁、城市扩张、灾害过程等）视为通过克服特定空间阻力而实现景观覆盖与控制的过程，而有效实现景观覆盖与控制，需要占领战略性关键空间位置或空间联系[87]；王仰麟于1995年建立了景观生态规划的"四步骤"法[84]；王云才于2007年对生态规划的理论基础、生态调查与景观生态分析、景观生态评价、景观生态规划方法和途径、各主要类型的景观生态规划设计、规划的生态性评价等方面进行创新性的理论框架建设[88]。

国内景观生态规划理论实践主要集中在区域或城市景观生态结构分析、景观生态功能分析和评价等方面，规划空间以特定利用类型土地、城市区域等中小尺度为主。此外，景观规划设计实践还表现为数量分析方法及以3S技术为代表的空间科学技术方法的广泛应用，提高了景观评估和景观生态规划在空间信息采集、分析处理和输出表达方面的效率。王紫雯于1998年运用景观生态规划中的环境承载容量控制方法，探讨城市规划的环境保护量化管理与控制[89]；宗跃光于1999年运用廊道（corridor）效应原理，建立城市廊道模型研究自然廊道与人工廊道作用过程及机制，在城市景观生态规划体系中引入廊道效应分析[90]；车生泉于2002年运用景观生态学原理和方法分析绿地景观与城市环境质量的关系，评价城市绿地景观格局，对上海市绿地景观生态规划进行研究[91]；付瑶等于2008年运用"斑块-廊道-基质"理论研究长春高新技术产业开发区的绿地景观生态规划[92]；卢伟等于2009年基于RS和GIS技术，采集研究区景观生态格局指标数据，运用计量方法分析城市化进程中各生态类型对景观格局的影响作用[93]；尹喆于2012年对哈尔滨市城市生态景观进行研究，分类评价城市生态系统结构、功能和协调度，并依据评价结果提出改进措施[94]。

1.2.4 天际线国内外研究存在的问题及绿色天际线规划趋势

1.2.4.1 向绿色天际线研究方向延伸

国内外天际线理论和实践研究大多集中在天际线结构、天际线城市意象、天际线形态和高度控制等方面[1]，在实践发展中逐步意识到绿色天际线研究的重要性，将山体、水体等自然要素纳入天际线景观系统，以自然和人工环境相协调为天际线建设的目标，或从可持续绿色建筑设计和控制角度绿化城市天际线。

1.2.4.2 缺乏系统理论和方法支撑，环境目标薄弱

目前关于天际线的研究仅在定义、范畴和目标层次上涉及绿色天际线，景观生态学、环境科学、地球信息科学等相关理论并未系统纳入天际线研究体系，天际线的环境效应未获得充分认识。综合景观生态学、环境科学、地球信息科学等相关学科方法的景观生态规划，已建立较完整的实践研究框架，但在天际线规划领域的应用仍基本处于空白，造成

天际线规划实践的环境目标支撑不足，技术方法薄弱，环境目标难以准确量化，规划方案科学性不足。

国内天际线规划设计实践中，天际线规划导则虽在部分城市设计方案中得到体现，有一定的引导作用，但导则中未明确城市环境高度和密度控制指标，环境目标和控制标准不明确，且在制定过程中未充分利用景观生态规划方法，造成规划方案对建设实施、生态和环境保护的控制有限。

1.2.4.3　绿色天际线规划研究条件成熟

天际线规划中，人工建构筑物的高度和密度是影响城市环境的两个重要指标。在中国快速城市化背景下，环境目标缺失或技术支撑不足的天际线规划方案难以协调城市发展与环境保护，若片面追求强化天际线竖向景观，大量规划大体量、高密度人工建构筑物，会加剧环境问题。如20世纪90年代起，上海为建成全球金融中心，塑造城市景观核心，在浦东陆家嘴城市规划中一味强化竖向人工天际线景观，盲目规划建设摩天大楼，造成城市热岛效应恶化、地表沉降加剧❶等环境问题。

城市环境问题已成为城市管理的重要课题。随着可持续城市环境观的不断深入，绿色天际线研究需求转向城市管理决策实践层面，面向规划设计方案的制订与实施。景观生态规划理论、技术方法的持续发展，将丰富城市绿色天际线规划理论和方法支撑；GIS、CAD、FRAGSTATS、FRACTALYSE等空间分析技术和图形处理工具的引入，为天际线规划的环境目标确定、规划控制指标的建立等实践工作提供技术支撑。天际线

---

❶根据上海市地质调查研究院数据，陆家嘴片区地表年均下沉3cm，是上海市地表沉降最严重区域。

规划由理论研究、实证分析向系统规划方案制订与实施方向延伸的可行性提高。

1.2.4.4   绿色天际线规划转向高度和形态双重控制

国内外已有基于各种方法技术的城市建筑高度控制和竖向空间形态规划成果，但多数城市高度形态控制未在天际线整体研究框架内进行，形成的建筑高度控制方案未充分考虑天际线整体形态，难以建立系统天际线规划方案。天际线的高度和形态均是城市生态环境的重要因素，高度和形态规划方案影响城市生态、环境的发展方向，基于景观生态分析的绿色天际线规划将逐步转向对高度和形态双重控制研究，以实现可持续城市环境目标。

1.2.5   相关理论基础

1.2.5.1   景观生态学

景观生态学最早是由德国学者 Carl Troll 在 1939 年利用航片研究东非土地问题时提出的。他认为景观生态学是"地理学和生态学的有机结合"，并将景观生态学定义为研究某一景观生物群落之间错综复杂的因果反馈关系的学科，他还特别强调景观生态学是将航空摄影测量学、地理学和植被生态学结合在一起的综合性学科，主要研究各种类型的景观斑块（patch）在空间上的配置。他的观点开拓了地理学向生态研究方向发展的道路。而后来产生的"景观生态规划"一词是指利用景观生态学的理论进行的规划，其思想是探讨景观生态与规划的关联，结合规划的相关原理，充分地考虑人与自然的相互影响，提出规划结构优化的模式[5-7]。目前，景观生态学研究的核心内容仍然在于强调景观空间的格局、生态过程与尺度三者之间相互作用的关系。

1.2.5.2 生态适应论

生物学家 Charles Robert Darwin 在 19 世纪中叶创立了生物进化论，以生态适应论分析自然界发展变化一般规律，系统地对整个生物界的发生、发展作出唯物阐述。在进化论中，"适应"指有机生命体与自然之间的相互关系是协调的。生物体对自然产生的适应既有生理的适应，也有行为的适应。进化论中的生态适应观认为，生物的进化是适应的结果，是自然选择的结果。在进化过程中，生物的基因变异是随机的，而进化的方向却是自然环境赋予的，生物在对环境的适应中建立生物与环境的协调关系，进而实现进化。

20 世纪初，Lawren Henderson 进一步发展了生态适应论。他在《环境的适应》前言部分中提道："达尔文所说的适应，也就是指有机体和自然之间相互关系是协调的。这一点说明环境在进化过程中的适应，同有机体对环境产生的适应，是同样重要的。在适应一些基本的类型中，实际的环境是最能适应生物居住生存的。"这一理论拓展了生态适应的理论范畴，在进化过程中不仅是成功的有机体适应自然，环境也适应有机体，肯定了生物对环境的改变作用及环境在进化过程中也具有其适应性。此后，生态适应观被广泛应用于人地关系科学研究，成为各自然、社会学科分支融入人地关系研究的切入点。

（1）地理适应论，又称协调论。1930 年，英国地理学家 P.M. Roxby 创立的地理学适应论，是人地关系论的一种重要学说。与 Roxby 同时代的美国地理学家 H. H. Barrows，同样主张地理学应当致力于研究人类对自然环境的反应，从自然环境适应的角度分析人类的活动中的各种空间分布特征。适应论受法国地理学家 P. Vidalela Blache、J. Brunhes 等为代表的"可能论派"的理论影响而产生，认为人类活动与自然环境之间存在互相作用的关系，特别是人类活动对周围环境具有适应性的选择，即意味着自然环境对人类活动的限制。地理学研究应当以人类对自然环境的适应为核心的观点。

（2）人类生态学。Rachel Carson 的《寂静的春天》唤起了对人类生态学的集中讨论。人类生态学研究围绕生态学为核心，是多学科交叉的综合研究领域。研究焦点是人与自然的关系、人与自然协调发展的规律。人类生态学研究人类活动与自然环境的关系，研究与自然生态系统密切关联的人类生态系统。

在人类生态系统中，人口、组织、环境、技术四个变量子系统交织联系，变量间的相互作用决定了人类生态系统的发展方向。人类生态学强调人类活动对环境的生态适应及人类种群与自然环境之间的动态平衡，人类所创造的物质和文化环境只是人类生态系统中的组成部分，人类生态系统的平衡发展才是人类发展的根本依托。

人类生态学以人类生态系统的运行规律作为研究对象，研究任务是寻找人口、组织、环境与技术变量在系统平衡中的动态关系，如变量间相互关系下产生的人口、粮食、土地、水资源和空气、矿产资源和能源等问题（见图1-4）。

作为城市环境中的主体，人类的活动与生态、环境的适应关系决定城市环境的变化方向，也影响人类自身的生存与发展。用生态观点来分析，城市人类活动适应环境并朝着人地协调发展的方向运行就是城市生态进化。违背了城市生态、环境的适应往往造成环境污染和生态破坏。城市中的人类及人工环境与自然生态、环境的适应的动态过程，即是城市人地生态系统的进化。在城市环境的发展趋势中，城市规划、设计研究和目标，已不仅停留在城市的空间形态和景观效应优化，更应以人与环境的适应关系研究为核心，探索建设人地协调的城市人居环境。城市规划和设计迫切需要从对生态、环境适应的视角开展研究。

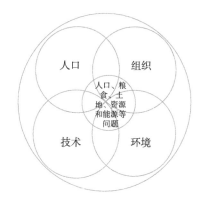

图1-4 人类生态系统变量子系统示意图

1.3　研究目标、方法技术及研究意义

1.3.1　城市绿色天际线研究目标和意义

在城市规划研究的众多前沿方向中，以天际线规划为代表的城市设计占据重要的地位。从景观生态视角出发，运用景观格局分析、用地景观生态适宜性评价、天际线分形量化与评价方法进行城市天际线规划研究，既是城市规划的前沿研究方向，同时也是城市规划与环境研究的新结合点。本书来源于泉州市人民政府《泉州都市区总体规划》，是其实施项目"南安市滨江城市设计"的核心研究内容，对滨江城市绿色天际线规划进行系统的理论和实证探讨。

立足城市环境优化目标，以城市天际线为研究对象，结合运用GIS、FRAGSTATS景观格局统计软件、FRACTALYSE分形维数计算软件等空间分析技术或图形表达工具，进行城市景观生态格局分析、用地景观生态适宜性评价、天际线分形维数量化与评价，建立城市绿色天际线系统规划路径。以福建省南安市为例，确定滨江城市绿色天际线规划的用地适宜性区划方案和线形控制指标，形成"南安市滨江城市设计"规划核心内容，为政府实施城市管理提供科学依据。

1.3.1.1 研究目标

（1）理论目标。建立基于景观生态分析的城市绿色天际线规划理论，增强城市规划设计中的环境目标支撑，解决传统城市规划设计理论在环境、生态控制与设计普遍存在的目标难以准确量化、规划指标针对性不足等问题。

（2）实践目标。建立滨江城市绿色天际线规划实证范式，确定南安市滨江绿色天际线用地适宜性区划方案和线形控制指标。完成"南安市滨江城市设计"核心规划内容，为政府实施城市管理提供方案依据。

1.3.1.2 创新意义

（1）拓展城市天际线规划的生态环境新视觉。传统的天际线规划设计侧重对社会环境设施（人工建筑物、构筑物）和景观的规划，忽视对城市环境和生态差异的体现，造成"千城一面"及一系列环境和生态问题。受可持续环境观影响的绿色天际线规划立足于人地关系协调，一方面为城市居民提供足够的空间、设施和景观支撑；另一方面通过规划高度和线形控制目标的制定，促进城市生态平衡和环境保护。以城市景观格局分析、天际线用地景观适宜性评价、天际线分形维数定量与评估为基础的天际线规划，是可持续环境观在城市规划设计中的体现，在规划依据的完备性、规划过程的可操作性和规划结论的合理性方面具备显著优势。

（2）将新应用技术、方法引入城市天际线规划。在城市意象理论中，天际线是重要的城市意象，但已有研究对天际线轮廓形态规划缺乏准确定位，难以形成确定的空间形态范式。本书在城市景观格局分析、天际线用地适宜性评价、天际线分形量化与评价为中，结合 ARCGIS 和 Auto CAD 空间处理和分析工具、FRAGSTATS 景观格局统计工具、FRACTALYSE 分形维数计算工具，运用计盒分形维数、景观格局指数及 GIS 空间统计和分析等方法，为绿色天际线规划实践引入高效、可行的应用方法和技术。

1.3.2 研究方法

城市绿色天际线与其他天际线研究的主要区别在于是否以环境目标为核心。为实现环境目标，需在传统城市规划研究方法的基础上，借鉴地球信息科学和环境科学的方法。本书所采用主要方法如下。

（1）文献研究法。通过文献检索和阅读资料，分析国内外天际线和景观生态规划领域的研究现状，借鉴和利用景观生态规划、环境科学、地球信息科学等学科相关文献理论，以及其他相关领域的研究成果和结论。

（2）实地调研法。实地调研、采集城市基础数据（地形图、遥感影像图、地质图及其他要素图）、建设数据、环境保护数据。

（3）图谱分析法。以 ARCGIS10.0 为平台，对采集的各种综合图或要素地图（卫星遥感影像图、地形图、地质图等）进行校正统一、要素提取、栅格化、叠加等处理，结合 Auto CAD 的图形表达工具，完善天际线规划成果输出和表达方式，并利用 FRAGSTATS 景观格局软件、FRACTALYSE 分形维数软件进行专题图谱计算。

（4）空间计量方法。空间计量方法在区域特征显著的城市规划设计中具备显著优势，研究中主要运用于：利用 ARCGIS 进行栅格赋值、空间叠加、格网创建，结合数理统计方法进行用地景观生态适宜性评价。

1.3.3 技术路线

本研究的技术路线如图1-5所示。

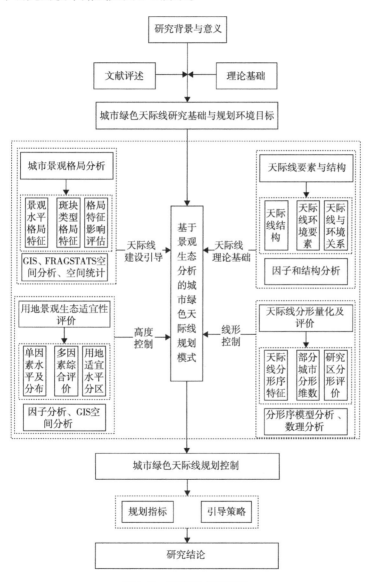

图1-5 研究技术路线图

第2章 城市天际线的要素与结构

天际线是重要的城市景观，是集合了城市人工环境与自然环境所形成的空间景观体，具备特定的结构和组成要素。要素是天际线环境景观的组成成分，结构是各要素相互联系形成的系统关系。天际线的结构和要素受城市自然和社会发展条件控制，天际线结构与要素的变动伴随城市地表及垂直空间变化，影响城市生态系统结构和功能，形成城市环境演化的主要形式。

天际线拓展了城市边界意象的内容，是城市人工建构筑物及自然形体在垂直空间上形成的高度边界意象，对应于水平方向上的城市范围边界意象。此外，天际线又有别于一般的边界意象，其综合的意象特征同时反映城市的道路、区域、节点、标志物等意象特征，与其各意象要素存在密切关系，如标志性建构筑物、城市道路、重要区域和节点等意象类型的组成要素，均影响天际线意象特征。

城市绿色天际线规划的抽象特征概念类似于城市绿色建筑，是在更大尺度的城市垂直空间形态规划中以环境持续发展为目标，协调城市人工环境与自然环境关系，确定天际线高度与线形控制方案的环境设计与城市管理过程。城市天际线规划既涉及城市环境与景观生态格局分析，也涉及天际线要素与结构分析。

以城市天际线控制为核心的城市规划和设计能有效增强城市发展的空间秩序，提升城市整体形象。系统的绿色天际线规划应以规划理论和规划原则的梳理为基础，从天际线景观的要素和结构分析出发，探讨天际线与环境的作用关系，以此建立绿色天际线规划的理论基础。实践中应对城市天际线的构成要素、结构层次及特征进行全面分析，并分析城市环境中影响天际线规划的景观生态因素。

2.1　城市天际线的要素

2.1.1　自然要素

2.1.1.1　山体

城市天际线中的山体在海拔和体量上具备不同的类型，是构成天际线形态最重要的自然要素之一。受传统文化理念、建筑材料、建筑技术、防御功能等因素影响，中国古代城市的营造将用地与自然山体的位置关系作为重要的选址条件。随着城市化的不断推进和高层建筑的大量出现，现代城市天际轮廓逐步演变为以自然山体为背景，高层建筑为主的形式。自然山体能为城市提供天然和谐的山体天际线，或为建筑天际线提供自然背景，影响城市天际线的整体轮廓，其作用在山地和丘陵城市中更为突出。

在山地和丘陵城市中，视域内具有一定体量和高度的山体可以作为天际线的背景。重庆渝中半岛具有典型的山地特征，以"吊脚楼"为代表的巴渝民居大多依山而建，高低错落，形成具有层次感的城市轮廓。山东烟台滨海区南邻奇山山脉，东临归岱山，北靠烟台山，众多起伏和缓的山丘为城市天际线的优美轮廓提供了自然条件。为强化山体背景特征，保持其基本形态，凸显城市特色，烟台市城市规划中明确规定，山体周围建筑不得对山体形成封闭式遮挡。

山体的海拔可以提升建构筑物高度，加强垂直空间形态的景观效果，增强城市天际线的景观功能。屹立在拉萨市红山上的布达拉宫是一座规模宏大的宫堡式建筑群，依山而建且充分发挥了山势的作用，建筑与自然山体共同构成的天际线更显气势雄伟。西班牙巴塞罗那也是以山为背景的城市，高耸在山峰上的科塞罗拉塔丰富了巴塞罗那的天际线，使天际线的韵律得到增强。

除此之外，山体还是城市天际线的自然观景点。南非开普敦被山脉和海洋环抱，开普敦的桌山高度1086m，顶宽3200m，是俯瞰城市和印度洋的天然观景点。

2.1.1.2　水体

城市天际线中的水体主要是指河流、溪流、湖泊、瀑布及海洋等大型水体景观，是城市主导景观要素之一，在滨水城市中，水体多构成天际线的前景。城市滨水区域天际线底部的视域边界位于自然水面，滨河城市天际线一般沿着河道逐步展开，呈现连续、动态的线形，而滨海和具有连续开阔水域的滨江城市天际线则构成全方位、多角度的静态前景。

流向曲直相间，线型流畅的水体是山水生态城市的重要依托，不仅能够塑造不受遮挡的天际线前景，为城市天际线的展现提供良好的视觉开放空间，增加城市天际线的空间层次，还能使滨水区域成为城市天际线的重要观景区域，是滨水城市景观生态的决定性要素。韩国学者的调查研究显示，首尔市民对汉江作为首尔标志性景观的认定比例高达46%，仅次于南山。汉江在城市天际线构成中占很重要的地位。究其原因，汉江以东西向贯穿首尔市区，是首尔市区内主要的视觉开放空间。因此，首尔市政府通过城市规划加强对滨江区域的控制，限制滨江建筑物的高度，塑造了首尔城市与环境协调的天际线景观。

2.1.1.3 植被

城市天际线中的植被主要包括山体覆被、草地等自然植被以及城市建成区中的各种绿地形式，是天际线景观的基本要素。良好的植被覆盖使山体更具景观性，城市各种水平或垂直形态的植被与人工建筑物相互融合，丰富城市天际线色彩。例如，山东青岛的天际线景观伴随自然地形的起伏，市区建筑与绿色植被交织构成特色鲜明的天际线景观。

2.1.2 人工要素

2.1.2.1 一般建筑群

城市天际线中的一般建筑群指相对高度和体量不突出的建筑群，其垂直形体景观相对弱化，但往往占据城市建构筑物土地利用的主要形式，是城市天际线的组成部分，在天际线景观定位中一般以辅助的形式，衬托天际线主体部分的垂直空间形态，或作为天际波峰和波谷过渡的形式。一般建筑群的总体体量类似、景观变化平缓，景观视觉整体性水平高，但建筑密度和体量过大的一般建筑群容易阻挡观赏视线，并影响天际线的变化性，因此，为提高天际线的景观律动性，改善天际线视觉空间，国外部分城市政府通过城市规划和城市设计，控制一般建筑物的容积率和建筑面积，减少城市天际线中高密度、大体量的一般建筑群。

美国旧金山在塑造城市天际线时提出了一般建筑群的控制方案，如

表2-1所示：一方面明确规定建筑高度，使新老建筑高度一致；另一方面针对不同高度的建筑物控制其最长立面尺度和最大对角线平面尺度，使新老建筑在尺度和形式上协调，既能维持一致的建筑风格，又能展现协调而不呆板的天际线底图。

表2-1 美国旧金山对一般建筑群的控制方案

建筑类型和层数	限高／m	最大平面尺度／m	最大对角线尺度／m
低层：4层以下	13.3	36.7	41.7
多层：5~12层	26.7	36.7	41.7
工厂和仓库	20.0	83.3	100.0

2.1.2.2 高层建筑

对高层建筑的界定，国内外有不同的高度标准，城市天际线研究中的高层建筑指垂直形体显著的建筑形式，往往是城市制高点和城市意象的重要载体，其布局、高度、体量、屋顶形态等方面都会直接影响城市天际线的形态和特征，是构成城市天际线的主导要素。城市人口的聚集和土地利用高度集约，推动了普通高层建筑、摩天楼等各种高层建筑数量不断增加，城市天际线的轮廓也不断被抬高，如表2-2所示。

高层建筑在城市中的分布状况直接影响城市天际线的形态和特征，是构成城市天际轮廓的主导要素。香港拥有354栋高层建筑，最高建筑物达484m，其中超过200m的摩天大楼有43栋，是全世界高层建筑最密集的地区，环球贸易广场、国际金融中心、中环广场、中国银行大厦、中环中心、如新广场、港岛东中心等众多不同体量的高层建筑造型各异且特色鲜明，组合成富于韵律的城市垂直空间形态，构成了香港独特的天际线，成为城市天际线的全球经典范例。

表2-2　全球城市高层建筑排名

排名	地区	高层建筑数量／栋	代表建筑	建筑高度／m	建筑层数／层	建成时间／年
1	香港	354	环球贸易广场	484.0	108	2010
2	纽约	221	世界贸易中心	541.3	105	2013
3	迪拜	235	哈利法塔	828.0	163	2010
4	深圳	256	京基金融中心	441.8	100	2011
5	上海	188	环球金融中心	492.0	101	2008
6	东京	374	中城大厦	248.1	54	2007
7	广州	228	国际金融中心	441.8	103	2010
8	芝加哥	110	威利斯大楼	442.1	108	1974

高度和体量上占优势地位，造型上有一定特征的高层建筑，往往会成为城市天际线的制高点和城市的标志。纽约曼哈顿作为纽约金融中心拥有耸立成林且富有层次的高层建筑群，原世贸大厦"双子塔"以远超出其他建筑物的高度和挺拔的双塔造型成为天际线的制高点和纽约的象征。因"9·11"恐怖袭击而倒塌的纽约双塔使曼哈顿天际线失去了制高点，天际线轮廓骤然改变，从城市景观的角度，对天际线城市意象的破坏远远超过建筑物损失本身。2013年建成的纽约世界贸易中心一号楼"自由塔"位于被摧毁的世贸"双子塔"北侧，高达541.3m，重新塑造了纽约天际线的制高点，体现了城市对于天际线景观的重视。

形体、颜色或高度具有特色的高层建筑可以起到导向功能。例如，上海浦东高420.5m的金茂大厦以及高492m的环球金融中心在构成浦东极具特色的城市天际线同时，还常作为浦西外滩城市居民和游客辨别方向的参照物。此外，高层建筑的相对高度为城市景观系统创造了重要的视点（观赏节点）条件。位于上海环球金融中心、纽约帝国大厦、台北101国际金融中心等高层建筑顶端的观景平台或旋转餐厅往往成为游客的必经之处。

2.1.2.3　城市标志性建筑

城市天际线中的标志性建筑包括城市雕塑、塔、寺庙、宫殿、大型公共建筑等特殊形式建筑，具备高识别性的空间形体，是提高天际线识别性的关键要素。

中西方古代城市的纵向空间设计中，象征城市文化和权力的建筑物和构筑物往往拥有城市中最高的高度。中国古代城市的天际线和缓，建筑物高度大多为1~3层，建于山顶的风水塔、近港湾的镇海塔、寺庙中的佛塔等古塔，以其高度和文化象征成为城市地标，统领着城市天际线的高度。如泉州古城区整体格局平缓，始建于唐朝的开元寺东、西双塔是泉州目前保存最好也是最高的古塔，作为文化地标构成泉州古城区天际线的建筑制高点。因此，在泉州古城区城市天际线的规划中，以鲤城区为基本轮廓，开元寺双塔作为地标控制点，其他建筑高度大多控制在2~4层，起到保护标志性天际线、强化古城深厚历史文化底蕴的作用。

现代城市中，城市天际线不断提高，上海东方明珠电视塔、广州电视塔等特殊构筑物凭借其独特造型和高度优势成为城市天际线的中心。为了突出具有历史文化的地标建筑在城市天际线中的统领地位，塑造具有特色的天际线轮廓，政府往往采用两种方法控制天际线的高度，如表2-3所示：一是采用"碗状"的城市规划方案，以历史文化地标建筑为中心，建筑物向外围高度逐渐增高；二是保持旧城天际线轮廓不变，另辟新城，禁止高层建筑开发。国外的巴黎、国内的北京、苏州是建筑分区控制的典型代表。

表2-3　城市天际线中历史地标建筑的规划方案

代表城市	天际线特点	具体方案
北京	以故宫为中心，构成碗状天际线	旧城内严格控制建筑高度，新建建筑高度不超过45m，由故宫至五环由低到高
巴黎	以大型公共建筑为中心，控制历史中心区建筑高度	历史中心区高度限定为25m，中心以外的地区最大限高为31m，外围区限高为37m

一些城市标志性建构筑物虽不具有高度优势，但凭借其特殊造型，也可作为城市天际线的前景和重要标志。纽约自由女神雕像、雅典卫城雅典娜守护神雕像等城市雕塑的体量相对于城市的高层建筑群显得微不足道，但凭借其承载的重要城市意象，仍可成为城市天际线的重要标志。澳大利亚悉尼歌剧院具有类似起航帆船的独特造型，作为悉尼市城市天际线中最有标志性的前景，其他建筑则作为其背景起到衬托作用。

2.1.2.4　其他人工设施

大型水利设施、桥梁、高架桥等其他人工设施以其体量和独特造型成为城市天际线的组成部分和标志性景观。在武汉的天际线景观中，从武昌的江边眺望汉口时，汉口的天际线大致由汉正街、晴川饭店、晴川桥、江汉关高层建筑群构成，其中，晴川桥高耸的拱形造型以天空为背景，使汉口天际线的表现形式更为多样。当人或其他交通工具形式在高架桥或桥梁等其他人工设施上行走时，可以形成具有广阔视角的观景点，有益于欣赏动态的城市天际线。

2.1.3 视觉要素

视觉要素是天际线形成城市景观的基本条件，城市天际线并不是一个静态的构成，会随着观察者位置和视角的变化呈现出不同的形态和特征。城市天际线的实际效果与观察者的视觉感受密切相关。

一般情况下，人眼正常视野范围可以描述为垂直于地面的虚拟视野面，其向上视角30°、向下视角40°、水平视角120°为自然舒适的状态。根据钮心毅和李凯克的研究，视野面的宽度X、垂直方向高度Y的计算公式分别为：

$X = \dfrac{2}{3}\pi D$；

当$L \leqslant \tan 40° \times D$时，$Y = \tan 30° \times D + L$；

当$L > \tan 40° \times D$时，$Y = (\tan 30° + \tan 40°) \times D$。

式中，L表示观测点与视野面所在位置地标的高度差，D为观测者视线的能见度距离。如图2-1所示，在人眼的正常视野范围内，建筑物、山体等会阻挡部分视线，形成视野面上的建筑可视面，观测者视线实际阻挡点在虚拟视野面上的投影则会形成天际线轮廓。因此，观察者的视点、视角、视距的远近以及视廊的构建等视觉要素都会影响城市天际线的实际效果。

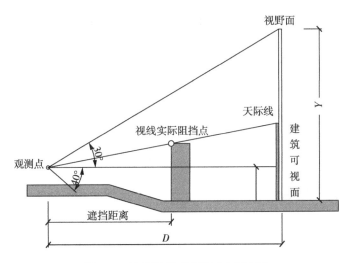

图2-1　基于视觉感受的城市天际线

2.1.3.1　视点

随着所处的位置不同，观察者会观察到处于不同位置的自然地形与人工建筑物、构筑物叠加形成的天际线轮廓。原本重叠的山体和建筑物可能因观察位置不同而产生分离，原本不高的建筑也可能因视点位置改变而变高，原本被遮挡的山体也可能会显现。当观察者的视点随山势起伏而发生改变时，视线高度和方向也随之不断调整，所观赏到的城市天际线也会呈现出多种不同的形态。当道路的转折使观察者的视点由两面封闭变为一面封闭一面开敞时，城市天际线的观赏效果也会不同，如图2-2所示。

因此，视点的选择对于城市天际线形态的呈现十分重要。公路、高速路、桥梁等进入城市门户的路径，城市制高点，广场、公园等城市自然开敞空间和人工开敞空间带状视廊，滨水开放空间、步行街等城市中各类自然开放界面和人工构造开放界面都可作为城市天际线的观景视点。

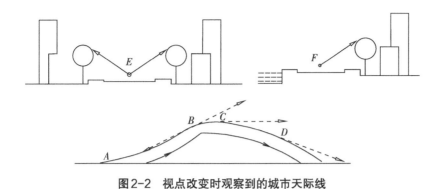

图2-2　视点改变时观察到的城市天际线

2.1.3.2　视角

观察者的视角分为仰视、平视和俯视三种。在视点不变的前提下，仰视最能体现建筑物高度对城市天际线的主导作用，俯视则最容易感知平面山水格局的城市关系。视角由仰视到平视再到俯视的变化过程中，城市天际线的层次被逐渐拉开，水体前景、建筑物中景、山体背景等轮廓线也由立面叠加关系变为基本平行的关系。

当观察者的视角为仰视时，城市天际线的观看效果主要取决于建筑物高度与观察距离的比值。在观看距离相同的情况下，建筑物或山体越高，形成的视线仰角越大，越能带来视觉震撼。当观察者的视角为水平时，受正常水平视域范围限制，很难观察到城市天际线的全部轮廓。因此，水平视角观看天际线时，观察者往往被天际线轮廓变化节律最大，曲折度最强的部分吸引。当观察者的视角为俯视时，能够欣赏城市天际线的全貌。因此，具有俯瞰城市全貌的人文景点、能够登高远眺的山体以及具有高度优势的高层建筑顶层等城市制高点往往作为城市天际线的重要观景点。

2.1.3.3　视距

观察者的视距有远近之分。在视角不变的前提下，随着人与城市远近距离的变化，视角范围内的观察对象会产生变化，同一景象的视域和清晰度不同，所观察到的城市天际线也会有所差别。当观察者的视角为仰视时，当观察者的向上视角小于14°时，对空间的感受比较开放。随着视距从远到近的变化，视角将逐渐变大，对空间的感受也变得封闭。城市天际轮廓线在近距离时很难被观察，视距越大，能观看到的天际线轮廓越长，越有利于对整个天际线的感知，如图2-3所示。因此，城市所提供的开放空间及其位置和规模决定了天际线是否能够充分展现。

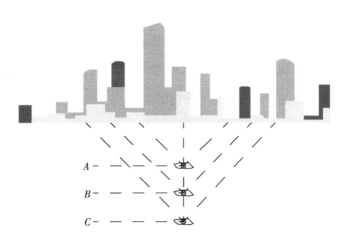

图2-3　视距变化时同一视角观察到的城市天际线

2.1.3.4　视廊

视线的通畅是城市景观观赏的必要条件，为了使视点与城市天际线景点之间建立良好的对视关系，保持天际线各层次间的良好通视性，防止城市天际线中的重要景观被遮挡，应在城市中建立视线通廊，保护城市天际线的观景条件和观景环境。

城市天际线可以通过城市中未被遮挡的自然开敞空间和视线通廊来呈现，如选择两个自然山体之间的带状空间或滨水形成的开放界面。城市天际线还可以通过构建人工开敞空间和视线廊道的方式来呈现，如设计具有一定规模的各种类型的城市广场、公园等城市开敞空间或旅游步行街、游览步道等特色街道。为了保护"大钟亭—鼓楼—北极阁"自然与人文相结合的城市天际线，突显北极阁与周边的青山，南京市政府花费近2亿元拆除周围仅高6层的10多幢居民楼，并进行居民安置。为了保护鼓楼地区的人文景观，防止视线被遮挡，南京市政府更花费3倍造价将鼓楼的高架桥计划改为隧道。

城市所提供的视线通廊及其位置和规模决定了天际线是否能够充分展现。各类自然和人工构造的开放界面决定了观看天际线的可能性。在高楼林立的小区和街道，四面均是封闭感强、体量大的高层建筑，缺乏供人观赏的开放界面，必然会形成对视线的遮挡，使人无法欣赏城市天际线相对稳定的形态。烟台市政府在规划城市天际线时就明确提出，"山体周围和沿海岸线的建筑不得对山、海形成封闭式遮挡，控制好规划的视线通廊"。

2.2　城市天际线的结构

2.2.1　城市天际线的层次结构

天际线是在特定视点看到的城市中各种自然要素和人工要素的轮廓叠加而成的整体与天空的交接面。天际线作为一种景观，离不开景观主客体要素及其相互之间的视觉联系。从视觉层次分析，受自然环境和人工建、构筑物的影响，城市天际线的景观构成在纵深方向上包含前景、中景和背景三个层次，如图2-4所示：由自然水体或高度和体量较小的建筑组成的天际线前景；由造型独特的建筑物或集中的高层建筑构成的天际线中景；由自然山体或数量庞大，高度接近的多层建筑、小高层建筑构成的天际线背景。

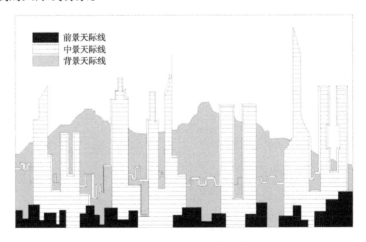

图2-4　城市天际线的层次

2.2.1.1 天际线前景

天际线前景充分展现了城市与自然环境的特色互动关系，既发挥天际线景观视觉开放空间的作用，又是天际线近距离的细部展示。在滨水城市，天际线前景的景观组成上包括水面、滨水公园以及带状分布的滨水建筑，具体形式有水体、滨水道路、植被、建筑以及其他滨江景观构筑物和城市雕塑等，形式色彩多样，层次丰富。

天际线前景引导和控制的重点在于保障天际线视觉的通透以及塑造良好的天际线细部。滨水区域应保留能够体现生态特色且相对均质的视觉开放空间，以高度和体量较小的建筑物为主，呈线型布局的形式，尽量减少前景中较突兀的景观物（如一些造型、色彩夸张的建、构筑物）对滨水天际线视觉的干扰。

2.2.1.2 天际线中景

天际线中景由前景区域至背景区域之间造型独特的建筑物或集中的高层建筑构成，在很大程度上决定了天际线的体量，并起到拔高天际线的作用，是天际线的竖向构图主体部分，其变化和节律性能够影响天际线的整体视觉效果。虽然天际线中景与建筑物的高度有必然的联系，但并不是高度越大，天际线特征越明显。实际上，建筑物之间的高差对天际线中景的影响更明显。

在天际线中景的轮廓中，存在由高层建筑或标志性建筑形成的最大值点和天际线波谷区域的极小值点，如图2-5所示。极大值点与分别位于两侧的极小值点的水平距离可用L_1和L_2表示，L_1+L_2即为天际线制高点的影响区间。在天际线制高点的影响区间内，极大值点与分别位于两侧的极小值点的高差可用H_1和H_2表示。高差值越大，极大值点建筑物与极小值点建筑物之间的高差越大，说明高层建筑或标志性建筑对天际线中景的影响越显著；反之，高差值越小，高层建筑或标志性建筑对天际线中景的影响越不显著。Stamps 于 2005 年的研究也表明，天际轮廓线的曲折度高，观察者对天际线的认知感也较高。

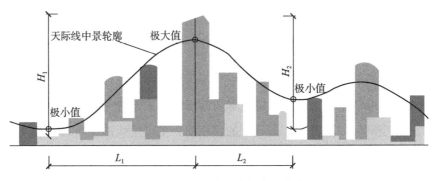

图 2-5　天际线中景的轮廓曲折度

天际线中景引导和控制的重点是充分发挥其视觉中心的作用，适当增加高层建筑的数量并提升建筑高度，适当加大建筑物单体或群体的体量，形成建筑物之间的高差和曲折度，协调建筑物高低节律与天际线背景变化的关系。

2.2.1.3　天际线背景

多层建筑、小高层建筑与山体的组合形成天际线背景的整体形态。在山景城市，山体是城市天际线的稀缺资源和城市生态链中的重要组分。体量适中、高低起伏的山体作为较为恒定的自然景观要素，为天际线的变化节律创造了有利条件，具有丰富景观层次的作用，在竖直方向上也成为城市天际线规划的参照。

天际线背景控制和引导的重点在于对山体天际线的流畅展现，该区域的建筑物宜控制高度以形成高度上的缓冲和过渡。武汉龟山山顶的三国博物馆体量过大，形体单纯，人为改变了山体和天际线背景轮廓，一直受到质疑。南京紫金山上已建成整体框架的观景台也因形态和体量过大遭到市民反对，最后被南京市政府拆除。另外，天际线前、中景的建筑物高度和体量应与山体背景的高度和体量协调，并保持一定的距离和高差，提高天际线层次结构的整体协调性。

2.2.2　城市天际线各层次的关系

2.2.2.1　水体前景与天际线中景的关系

视线的通畅是城市景观观赏的必要条件，通过对天际线景观视线网络的分析和调控，可防止其对城市重要景观构成遮挡，保持天际线各层次间的良好通视性。滨水城市天际线景观视线网络的调控以保护水面及滨水开放空间为目标，展示城市天际线的宏观形象，还应保障天际线中景和前景的合理通透性，既能展现建筑天际线的体量，又不对天际线背景形成大面积遮挡。

如图2-6所示，在建筑物密度和体量的调控上，一方面，应提高天际线前景的通透性，突出水面开敞的空间形态特点，沿水留出一定的绿化开敞空间，控制天际线前景建筑高度、密度与单体体量，控制滨水建筑物高度，减小滨水建筑物密度，引导建筑形式以点式为主，单体或群组体量不宜大，避免设计大体量的板状建筑，控制滨水建筑退让，减小建筑物对滨水生态开放空间的压迫；另一方面，应使天际线中景建筑物发挥建筑天际线的标志性作用，提高天际线中景建筑物的高度和单体体量，达到强化建筑天际线视觉的目的，以中心区高层建筑群为标志，控制天际线中景的高度和轮廓，遵循逐级递减的原则，建筑物高度和密度由中心至水岸逐渐下降。

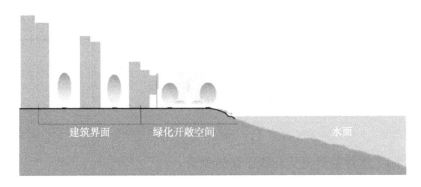

建筑界面　　　绿化开敞空间　　　　　水面

图2-6　水体前景与中景建筑物的关系

加拿大巴里市在城市规划高度分区控制方案中明确规定建筑物的高度，中心商业区限高15层，向滨水开阔地带逐级递减，最终降至1层，构成层次丰富的滨水城市天际线。

2.2.2.2　天际线中景与山体背景的关系

天际线中景与山体背景的关系体现城市设计的不同生态观念，一般有三种类型：建筑物高度和体量显著突破山体背景控制的冲突型、建筑物高度和体量与山体背景协同变化的顺应型、建筑物高度和体量严格控制在山体背景变化范围内的保护型，如图2-7所示。

山体天际线的展示可以丰富城市天际线景观，提高天际线景观的识别性。体量过大的高层建筑群会突破山体的轮廓线，模糊山地城市与平原城市之间的差异。因此，在处理建筑物与山体背景关系时，应充分考虑协调建筑物与主要山体的相互关系，重点保护山体天际线特别是山脊线的延续性，使天际线景观更具整体识别性。

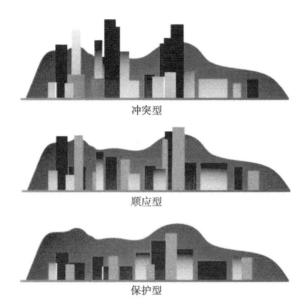

冲突型

顺应型

保护型

图2-7　建筑天际线中景与自然山体背景的关系

山体天际线与建筑天际线线型峰谷的交替增加了天际线的变化性与节律性。若建筑天际线峰谷完全与山体天际线峰谷变化同步，天际线景观将会过于单调乏味。因此，在对主要山体山脊线进行严格保护的前提下，适当增加建筑天际线峰谷与山体天际线峰谷的对比，有利于强化天际线的静态视觉和动态效果，塑造天际线的变化性与节律性。

进行天际线规划时，重点是在控制建筑物高度不突破主要山体山脊线的前提下，局部错开建筑物天际线峰谷与山体天际线峰谷的同步关系，在山体消隐的区域布置标志性建筑群，使中景建筑物的轮廓线与背景山体的轮廓线形成"趋势互补"，构成整体协调而又各具特色的天际线线型组合，如图2-8所示。

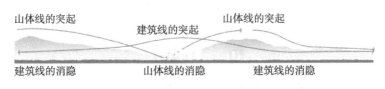

图2-8 建筑天际线与山体天际线峰谷关系

2.2.3 城市天际线的规划原则

2.2.3.1 协调原则

城市环境由自然环境元素（山体、水体、植被等）与人工环境元素（建筑物、构筑物及其他人工设施）共同构成，为天际线景观塑造提供了复杂多样的构景要素，城市自然环境、景观生态格局是天际线规划的基本依据。天际线景观的整体协调性是人类认知心理的普遍需要，也是保障天际线整体景观塑造的要求。协调原则并不是一成不变的统一尺度，而是在体现整体性基础上进行要素间必要的对比和互补，寻求天际线景观的整体协调。具体而言，在塑造整体流畅的天际线线型时，应对局部变化进行设计。另外，协调原则还体现在天际线的塑造需考虑对地区自然环境和社会环境的适应。基于景观生态分析的城市绿色天际线规划中，协调原则体现在天际线规划应与城市的景观生态格局保护与建设、用地因素景观生态适宜性、天际线分形特征相适应。

2.2.3.2 层次原则

城市的三维空间结构使空间层次性成为城市天际线的内在特征。层次鲜明的天际线能丰富城市的景观资源，充分展现城市形体轮廓所形成的景观效果，对表达城市的形体特色，增强城市的识别性具有重要意义。因此，城市天际线的规划应考虑近景、中景、背景三个层次的天际线尺度关系，考虑建筑天际线与自然天际线（山体、植被、水体等）的空间组合关系。

2.2.3.3 动态与静态相结合原则

城市环境中天际线景观的体验者并非处于一成不变的静止状态，而是在停留与运动相结合的状态中不断转换。对于天际线景观的感知，既有静态的形式，也有动态的形式。因此，城市天际线的规划应遵循静态与动态相结合的原则，塑造静态天际线的同时考虑天际线的变化性与节律性。

2.2.3.4 个性原则

天际线规划的目标是塑造高度、线形合理，且特征显著的城市天际线意象。城市的特色环境资源为天际线的个性化塑造提供了素材，天际线的个性化塑造创造了城市的景观特色。在进行天际线规划时应突出其识别性，使天际线景观成为城市的特色景观。体现城市个性是天际线规划的重要目的，富于个性的城市天际线为城市居民创造良好视觉感受的同时也加强了城市的归属感。天际线规划的个性原则可通过城市景观生态格局建设、天际线用地布局、天际线分形控制实现，在天际线控制中注重景观元素间的对比（类型对比、大小对比、高低对比、长短对比、曲直对比等）或强调（对元素的外部特征进行强化）来实现。

2.3 城市天际线与环境的关系

天际线是城市环境在垂直方向上与自然环境的交互界面，其高度和线型体现着城市与自然环境的互动关系。自然环境为天际线提供了山体和水体等重要构景元素，约束着天际线的生长方向。天际线规划需要通过对城市建筑物的高度、密度、外观形态以及城市开放空间进行引导和控制来实现。天际线与环境的关系是城市人地关系的具体形式。基于环境持续发展目标的天际线规划，有利于协调城市与自然环境的互动关系。

2.3.1 城市天际线与地形坡度的关系

在丘陵和多山地区，地表起伏变化形成自然坡度。坡度的存在影响人工环境建设的工程量和难度，成为决定土地利用和建构筑物布局的重要因素。从城市景观系统角度出发，坡地过度利用破坏景观的连续性，影响人工环境与自然环境的协调关系。当地形坡度太小时，容易制约场地自然排水，用地建设增加额外的排水支出。当地形坡度过大时，建筑物和交通道路布置受到限制，建设过程中土方平整的工程量和工程施工难度会大大增加，且工程实施后因大规模的土石方工程对地表干扰大，造成坡脚欠挖、土体失衡、地下水自然渗透被截断等问题。与超高坡度相比，坡度过小的工程处理相对简易。

根据《城市用地竖向规划规范》（CJJ83—99），在城市用地竖向规划中，应合理利用地形、地质条件，满足城市各项建设用地的使用要求，保护城市生态环境，增强城市景观效果。由于地形坡度在城市建设中具有重要影响，且城市规划对竖向用地愈加重视，地形坡度评价成为各类城市用地评价的基本内容。

城市天际线的人工环境以工业、商业和居住、公用设施等具体形式存在，不同属性的用地建设类型对坡度大小适应范围不同。根据坡度大小对城市建设影响的一般规律，结合《城市用地竖向规划规范》要求，从区域自然条件出发，对城市用地坡度适宜建设程度进行分级划分，如表2-4所示。

表2-4 各类城市建设用地的适宜地形坡度

主要用地建设类型	适宜坡度范围	特殊地区最大坡度极限值
居住用地	0.2%～25%	30%
公共设施用地	0.2%～20%	根据山区城市实际可适当提高
工业用地	0.2%～10%	15%
城市道路用地	0.2%～8%	8%
仓储用地	0.2%～10%	15%

平原地区城市用地坡度类型一般分为三级：0~8%、8%~20%和20%以上。其中坡度0~8%用地适宜作为城市建设用地，坡度8%~20%用地较适宜作为城市建设用地，坡度20%以上不适宜作为城市建设用地。

丘陵和多山城市用地坡度限制略有放宽，但为保护城市自然生态，坡度利用限制最高为25%，并细化用地坡度大小范围管控，将城市用地坡度类型分为四级：0~8%、8%~20%、20%~25%和25%以上。其中坡度0~8%用地适宜作为城市建设用地，坡度8%~20%用地较适宜作为城市建设用地，坡度20%~25%以上局地可作为居住用地和公用设施用地，基本不适宜作为其他用地类型，坡度25%以上不适宜作为城市建设用地。

2.3.2　城市天际线与地形风的关系

非均一性是城市地表的基本特征，相同的外部自然要素（风、降雨等）作用于城市地表会产生不同的局部效应。自然风既是基本的建构（筑）物环境条件，又是丘陵、山地城市中影响建构筑物安全的重要因素。地形条件分异形成不同风区类型，对城市建构筑物，特别是超高层建筑产生不同的风险影响。因此，从环境适宜性角度出发，应将风区在地表空间的分异作为天际线用地适宜性评价的指标，在天际线规划中充分考虑不同的坡向、地形变化梯度（坡度）条件下形成的风区条件差异。

天际线建设用地位置与风向的空间关系存在以下几种基本类型，如图2-9所示：①迎风坡区。风向与等高线上升方向一致并垂直于等高线。迎风坡区建筑一般存在明显的上升气流。②顺风坡区。风向基本与同一等高线的延伸方向一致，气流沿等高线方向流动。③背风坡区。风向与等高线上升方向相反并基本垂直于等高线。此类坡区有明显的下压气流。④涡风区。在水平方向上气流大量产生不规则回旋的区域，该区域气流局部停滞，风向变化剧烈。⑤高压风区。地形异常或因沿风向地形下降剧烈，形成高压风区。

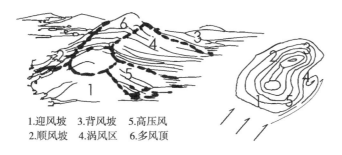

1.迎风坡　3.背风坡　5.高压风
2.顺风坡　4.涡风区　6.多风顶

图2-9　天际线建设用地位置与风向的空间关系

不同风区的建构筑物布置适宜性及特征存在一定差异。迎风坡区气流条件好，建构筑物布置多平行或斜交于等高线，平行于等高线布置时尽量以点式建筑为主，避免高密度用地开发形成的大规模连片式、板式建筑，以防止形成"风屏"阻断下风区正常气流。背风坡区由于下降气流的影响，不利于空气流通和污染物的扩散，且容易产生焚风、涡风或绕风现象，一般只布置对通风要求较低的建构筑物。顺风坡区有良好的气流条件，为避免建筑物对气流的阻挡，一般将建构筑物与等高线进行斜交布置。涡风区气流疏散条件差，风向紊乱，应尽量减少建构筑物的布置。高压风区风压对建筑影响大，一般不布置大体量高层建筑，以减少因提高抗风强度所增加的资源和能源消耗。

2.3.3　城市天际线与地震断裂带的关系

地震灾害是人工环境设施安全的主要威胁。从地震灾害风险评估角度，城市建构筑设施和人口暴露量较乡村地区大，特别是以高密度人口聚落为特征的城市区域，震害风险高于同等地质条件的乡村地区，如表2-5所示。

表2-5 不同区域的地震风险

区域	风险源项	暴露量情况	风险概率	风险等级
城市	地震造成人工设施破坏和人员伤亡	聚落密集，人口、人工设施暴露量较大	相同地质构造条件地区风险概率	高
乡村		聚落分散，人口、人工设施暴露量较小		低

城市天际线以各类建构筑物、设施为主要空间形态，在天际线用地规划中应考虑建设可能带来的地震灾害风险，综合区域的地震设防烈度等级、地震断层条件进行评估，提高天际线用地的地震地质条件适宜性，是天际规划环境目标的体现。

2.3.4 城市天际线与离岸距离的关系

水资源条件是城市存续的基本条件，水文条件变化是城市兴衰的主要因素。河流为城市提供资源和环境承载，河流与城市的关系自城市诞生后一直是人地关系的核心内容。用地离岸距离作为城市建设最基本的水文条件，对城市空间形态、水环境压力变化起关键作用，对城市建设和景观系统的影响体现在以下几方面。

第一，河流的水体、湿地生态系统是城市环境调节的关键环节，以河流生态系统的自净能力吸纳、净化城市的排放物，为城市生态系统提供环境产品。因此，离岸距离可以作为生态环境质量的表征因子。

第二，从景观生态规划角度分析，水体是天际线的环境景观要素，水体景观与滨水环境是城市风貌的重要形式，滨水区域是城市景观展示的重要界面，为城市天际线创造视域条件。因此，离岸距离关系用地建设的景观生态条件。

第三，用地离岸过近或过远都可能影响生态环境。用地离岸过近干扰河流生态系统的完整性，增加水环境压力，且直接加大用地的防洪风险。离岸过近还影响工程地质条件，间接增加工程施工难度，加快城市水土流失。用地离岸过远则使生态环境质量和河流景观质量受到限制。

2.3.5　城市天际线与植被覆盖质量的关系

植被是城市的重要景观生态资源，绿地率是衡量城市生态、环境质量的基本指标。城市绿地因人类活动的密集性干扰，多呈现为人工形态或次生形式。相较于同类自然条件下的天然植被，人工和次生植被的生态不稳定性特征显著。植被覆盖质量总体水平的空间分异，造成城市建设用地条件差异。

植被覆盖质量评价作为量化建设用地限制性因素影响，在城市天际线规划中的主要作用体现在以下几方面。

第一，通过分析植被覆盖质量等级与城市天际线用地适宜性关系，确立植被覆盖质量等级标准，为量化评价天际线用地的景观生态适宜性提供指标。

第二，通过评价植被覆盖质量、各等级植被覆盖规模，获取城市整体景观生态质量水平，确立植被覆盖用地开发的总体策略，指导城市天际线建设。

第三，在评价中掌握城市现状植被覆盖类型空间分布信息，确定城市植被重点保育区，以此限制天际线人工环境建设，体现天际线规划的环境协调目标。

第3章 研究区概况

3.1 南安市概况

南安市位于福建省东南沿海，历史上曾一度是闽南的政治、经济和文化中心。三国吴永安三年（260年）置东安县，南朝梁置为南安郡，为福建属地三郡之一，唐嗣圣初（684年）以南安为中心置为武荣州，民国25年南安现有行政中心确立，新中国成立后沿用县制，1993年设市，2007年《泉州都市区总体规划》将南安市列为泉州都市区西翼组团。作为都市区西翼的核心城区，南安市区规划通过东西向公路快速干道和轨道交通连入泉州都市区核心区。

南安市区规划总面积130km²。市区下辖溪美、柳城、美林三个街道办事处，规划拓展纳入霞美、省新、仑苍等地区用地。截至2013年，城市建成区面积28.5km²，2013年全市常住人口151.67万人，其中市区常住人口25.8万人。

3.1.1 地理位置

南安市地处晋江（古称南安江）中游，东经118°07′30″~118°35′20″，北纬24°33′30″~25°17′25″（见图3-1）。东与泉州中心城区、晋江市相连，东南与金门岛隔海相望，西南与厦门市同安区交界。在平面直角坐标中最大东西横距45km，南北最大纵距82km，总面积约2036km²。南安全境多低山、丘陵，是晋江支流东溪和西溪的重要流域区，境内河谷、山间盆地穿插分布，地势西北高，东南低，海拔1000m以下的丘陵山地占全县总面积的73%。

审图号：闽S（2011）17号
福建省测绘局2010年编制

图3-1 南安市区位示意图

3.1.2 区位

南安市区位优越，交通便捷。处于"闽南金三角"中心地带，是泉州中心城区与厦门特区的重要接合部，境内主要交通基础设施齐备，福厦高速铁路、厦深高速铁路、厦汉高速铁路、福厦高速公路、泉三高速公路、国道324线、省道307、308线、沿海大通道穿境而过，国家二类口岸石井港可直航香港、金门、马祖、澎湖和厦门、上海、广州等沿海大中城市，市区距晋江机场30km，距厦门机场80多km，交通网络纵横交错，是福建东南沿海大通道的重要节点。

泉州都市区规划将南安市区作为都市区西翼的发展策略为：优化结构、保育生态、创造环境、培育向西辐射战略支点。西翼空间格局确定为：以南安中心城区为中心。"融入泉州都市区，建设都市区西翼"的规划定位成为南安市区发展战略方向。

3.1.3 自然条件

南安市水资源丰富，境内东溪是福建省主要河流之一——晋江的上游，晋江流经南安市境内并切过构造线，河流流向整体为北西——南东向，流经南安市区，其支流呈北、南西等方向自四周流入东、西溪。西溪与东溪在市区东部汇合后进入晋江下游，向东南流经金鸡拦河桥闸于丰州出境，经泉州鲤城区注入泉州湾。市域内河道总长400km，交织形成水源丰富的水系。水资源总量丰水年25.03亿 m³，枯水年9.7亿 m³，地表水年平均15.47亿 m³。除西溪干流外，主城区其他主要河流有自南向北汇入西溪干流的兰溪、自北向南汇入西溪干流的檀溪及境内其他三条溪流。

南安市区规划土地面积130km²，为丘陵山地河谷型城市，西溪是城市发展的基本轴线、市区重要的生态和景观资源。市区主要山体有西溪北面的凤凰山、北山，以及西溪南面的南山、大帽山等，以低山为主，山体起伏在局部区域形成明显地形坡度，景观特色鲜明。市区植被以山体植被为主，覆盖率50.14%，市区冬季盛行风以北、北偏东风向为主，夏季盛行风以南、南偏东风向为主。

3.2 天际线规划研究区基本情况

南安市区滨江区域为城市发展的中心区域，西溪河流景观沿市区自西向东延伸，是滨江城市天际线关键的视域开放界面。结合城市总体规划中的用地、交通等专题规划方案，依据城市绿色天际线规划的定位要求及市区景观生态的总体格局，将研究区确定为沿西溪两岸的带形区域，南起308省道，北以江北大道北侧一个街区为界，东至泉三高速西溪公路桥，西接城市总规规划的西关大桥。研究区范围如图3-2所示，面积12.25km²，其中水域面积2.97km²。

图3-2 研究区范围

研究区拥有城市核心区内特征鲜明的滨水用地、水体景观资源，且沿溪湿地和绿地覆被具备一定规模，30m×30m规模以上植被覆盖面积345.14ha，占研究区面积的28.17%。市区内部分山体延伸进入研究区，在局部形成坡度>25°的用地，区内出露地层以侏罗系上统南园组为主，多数为南园组第二段（J3nb），西溪南北岸均有断裂构造，断层走向总体为北东向。

区位条件方面，研究区跨城市总体规划确定的城南、城北、城东组团，是城南老城区与城东新城区组团、城北新城区组团的接合部，区位优势明显，周边人口密集，商业开发、公用、基础设施配套集中。

3.3 城市建设

3.3.1 土地利用现状

土地利用情况如表3-1所示，根据各类土地利用变化情况，分析城市建设用地特点。

表3-1 南安市区土地利用情况表

地类	2007年面积 / ha	2013年面积 / ha	净增长率 / %
建成区面积	1922	3253	69.25
城市规划区范围	13010	13010	0
城市建设用地	3150	4630	46.98
居住用地	802	1312	63.59
商业用地	391	551	40.92
公共管理与公共服务用地	301	466	54.81
工业及仓储用地	310	533	71.9
交通设施用地	565	711	41.28
公用设施用地	172	243	41.28
绿地	608	814	33.88

注：数据源于南安市城乡规划局的建设统计报表并进行追溯调整，地类划分依据《城市用地分类与规划建设用地标准》（GB50137-2011）。

（1）城市建成区面积基底数值小，但用地扩展增速快，从2007年的19.22km²增长至2013年的32.53km²，年均增长11.54%。

（2）城市建成区面积占城市规划区面积比重低，只占总规划规划用地130.10km²的25.00%，建成区外的其他区域公共基础设施建设薄弱，城市建设空间待拓展。

（3）与建成区面积增速相比，建设用地增长相较滞后，主要是受制于丘陵山地型城市用地拓展的局限性。

3.3.2　建成区空间变化

为分析城市建成区的地域空间变化趋势，掌握城市空间发展规律，采用2007、2013年两个时段卫星影像信息（Landsat-7，分辨率30m）进行城市地表分类，将城市地表初步划分为建成区、西溪干流水体和非建成区三类。分类操作在ARCGIS10.0平台上进行，分别选取水体、建成区，其他非建成区三类训练区，利用训练区信息进行图像重分类，分别得到2007年城市建成区分布图（见图3-3）、2013年建成区分布图（见图3-4）。

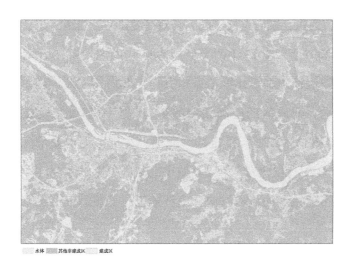

水体　其他非建成区　建成区

图3-3　2007年建成区分布图

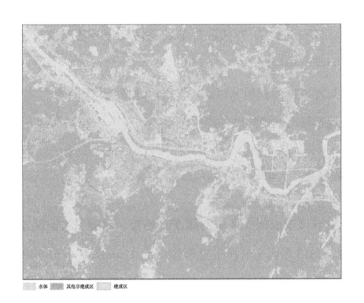

水体　其他非建成区　建成区

图3-4 2013年建成区分布图

2007年建成区示意图显示：城市的核心位于城南老城区，建成区的发展基本局限于西溪以南用地，西溪北部的局部开发以沿城市干道的带状零星分布为主，城市主要景观、设施高度集中于西溪南面。

对比2007年、2013年两个时段市区建成区情况图，南安市区建成区空间拓展清晰显示出两个基本方向：北向拓展及沿西溪拓展，如图3-5所示。建成区的空间拓展趋势与《泉州都市区发展规划》及《南安市城市总体规划》确定的"北拓、东进"的南安市区发展战略定位高度吻合。在此背景下，"城市北拓越江发展、东进沿江发展"成为城市用地拓展的基本方向，滨江地区是城市越江和沿江发展的核心地带。

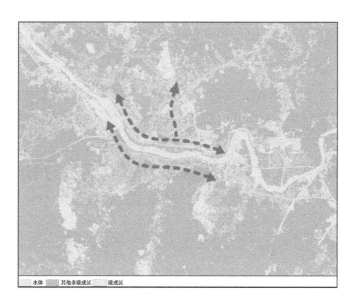

图3-5 2007~2013年建成区变化趋势图

第4章　城市景观生态格局分析

　　天际线是城市景观的特殊形式，城市中的景观生态、景观要素结构是天际线存在的基础，为天际线景观的形成奠定地域框架，景观要素结构空间联系形成的景观生态格局影响天际线用地和空间形态。因此基于景观生态学理论认识城市景观的定义和特征、甄别城市景观生态类型，并在景观生态分类基础上开展景观生态格局量化分析，是以环境协调为目标的绿色城市天际线规划的基础性工作。在城市绿色天际线规划中，景观生态格局分析的直接目标是掌握城市景观生态格局特征，分析景观生态格局及其变化对天际线规划的影响。

4.1　相关概念

4.1.1　景观生态学中的景观

目前景观生态学中普遍接受的景观概念由 Forman 和 Godron 在 1986 年提出，将景观定义为由相互作用的生态系统地表镶嵌体构成，并以组合类型上近似的形式重复出现，是具备高度空间异质性的区域综合体。从空间属性角度定义，景观是生态系统中的异质性地理单元，景观研究强调对象的空间异质性、尺度效应和多尺度耦合以及等级结构特征，是一定空间尺度上由相对均质的景观单元形成的，具备外在视觉特征的地域综合体。

景观生态研究的三项基本内容：

（1）生态过程及景观生态功能。研究区域生态系统内部的能量流动和物质交换过程及其在区域生态过程中形成的功能，研究结构和功能随时间推移的变动规律。

（2）空间异质性。研究景观的空间结构，即由景观组成单元的类型、特征、空间联系所形成的区域多样性。

（3）不同尺度的景观要素。从空间和景观层次上的尺度差异去认识景观要素的分布和变化规律。

4.1.2 景观要素与景观生态分类

景观要素是景观结构中景观单元的最小组分。景观生态系统中，景观要素存在两种基本类型：自然景观要素和人工环境景观要素。自然景观要素以山体、水体、植被以及生物等形式为主，人工环境景观要素以人口聚落中的各类建筑、构筑物和设施为主。景观要素识别是进行城市景观生态分类、景观生态格局分析的前提条件。

景观生态分类是以特定空间尺度对景观生态要素组合形式的划分，将具有显著异质性的部分确定为不同的景观类型，而将相对均质的部分确定为相同的景观类型，是景观功能和格局分析、景观评价、景观规划管理等实证研究工作的基础。城市景观生态分类综合考虑景观的自然属性、在人地相互作用关系中的生态功能、景观空间联系产生的形态特征、景观生态研究的实际需要等因素，分类过程中遵循区域性原则、显著性原则、尺度一致性原则和数据可操作原则。

（1）区域性原则。城市景观生态以其整体性与周围地域形成对比，而其内部组分间则存在空间分异。地球空间的唯一性决定了非重复性是城市景观生态结构的基本属性，不同城市自然条件和社会经济基础呈现区域性分异。区域性原则是进行城市景观生态分类的基本原则。景观生态分类作为城市的区域生态主要表征，与区域外的景观生态分类存在明确的空间界线。

（2）显著性（主导性）原则。城市景观生态系统组分多样，各组分相互联系构成的关系复杂，在不同尺度上呈现的景观生态类型差异显著。城市景观生态分类的目标是识别景观生态总体特征，并在各分类距离控制中体现内部分异规律，要求景观生态分类方案突出重点，忽略分类的干扰项和特异项，遵循分类的显著性原则，以揭示城市景观生态分类间的主导关系。

（3）尺度一致性原则。尺度一致性原则由景观生态在空间上的尺度等级性决定，不同的研究空间尺度对景观生态分类分级体系要求差异悬殊。景观生态系统结构的层级性要求在进行同一等级景观类型划分时遵循尺度一致性原则。尺度一致性原则反映在分类实证研究中，对于区域景观生态分类既有几百km空间级别的陆地景观生态、海洋景观生态等，也有细分至km级的如城市景观生态、乡村景观生态等类型的区别，不同尺度分析获得的景观生态分类差异悬殊。

（4）数据可操作性原则。研究的客观性和可操作性原则是自然科学研究的基本要求，景观生态分类的目的是为分析研究区景观生态格局分析奠立基础，分类的方案除体现城市景观生态的整体性和内部分异性一般规律，还需考虑数据获取和图件处理的可行性，是否有相对可靠的分类统计数据来源，对遥感或其他基础专题图件进行图谱处理、分布类型提取等技术操作是否可行，直接影响研究的质量、效率。

因实证研究的特性，区域景观生态分类方法运用较为灵活，归纳有以下几种类型：借鉴区域土地分类的发生法、景观形态法，景观形态法与发生法相互叠加的景观生态分类原理（见表4-1）。

表4-1　景观生态分类法类型

景观生态分类原理类型	分类原理特征	分类方法	代表性分类
发生法原理	属性优先，依据发生或形成的性质划分	监督分类为主	城市景观、乡村景观等

续表

景观生态分类原理 类型	分类原理特征	分类方法	代表性分类
景观形态法原理	形态优先，依据空间形态的内部一致性和外部相异性划分	非监督分类为主	森林景观、河流景观等
景观生态法原理	综合属性和形态特征，依据发生属性同异、空间形态同异进行划分	监督与非监督分类结合	城市建成区景观、农田景观等

依据不同的分类方法和判定标准，形成区域景观生态分类的不同分类体系（见表4-2）。

表4-2　国内外主要景观生态分类体系

分类方法	判定标准	分类类型	分类等级
Westhoff分类	景观自然度	自然景观、亚自然景观、半自然景观、农业景观	单级分类
Marrel分类	景观自然度	自然景观、亚自然景观、半自然景观、农业景观、近农业景观、文化景观	单级分类
Forman和Godron分类	人类干扰强度	自然景观、经营景观、耕作景观、城郊景观、城市景观5类一级景观。自然景观、经营景观各有两类二级景观	两级分类
吴传钧主持的国家1∶100万土地类型图分类	景观要素属性和形态	森林、草原、荒漠、水体及湿地、农业景观、人工建筑景观6类一级景观，26类二级景观，50类三级景观	三级分类
Naveh分类	物质、能量和信息属性	开放景观（包括自然景观、半自然景观、半农业景观和农业景观）、建筑景观（包括乡村景观、城郊景观和城市工业景观）和文化景观	两级分类
肖笃宁、钟林生分类	人类活动干扰强度	自然景观、经营景观以及人工景观三大类及其相应二级细分类型	两级分类

4.1.3 城市景观与城市景观生态格局

从人类作用和人为干扰的角度进行分类，景观可分为天然景观、乡村景观、城郊景观、城市景观等类型。由于城市的空间过程和边缘区的存在，广义的城市景观实际包含城郊景观和狭义的城市景观。城市景观由城市生态系统内具备一定功能和结构的地表镶嵌体组合而成，是人类与自然的相互作用形成的具备一定视觉效果的地域空间景象。景观生态作用和过程中以人为中心，景观的不稳定性和破碎性、景观的多样性和丰富性，是城市景观区别与自然景观的显著特征。

景观生态系统的异质性反映在空间上产生地表单元的差异，不同的地表单元以各种形状和大小组合镶嵌，构成景观要素相互联系的空间结构。景观格局即是景观的空间结构特征，是景观要素的类型、大小、形态、数量、空间分布的总体属性，是景观异质性在空间上的综合表现。

以人类为中心的景观生态格局是城市景观生态区别于自然景观生态的最显著特征。城市景观生态在空间分布和联系上形成特定的景观格局，景观生态格局是景观生态要素空间联系形成的产物，是地域景观生态系统的宏观表征。景观生态格局中存在着能量、物质的流动与交换，这种物质和能量流动和变换的速率在城市中因人类的集中活动得到加快，自然景观生态系统也因人类活动的叠加在城市中逐步形成新的物质和能量流动和变化方式，最终改变了城市原有的景观生态格局。城市景观生态格局的改变方向一分为三：

（1）朝着倾向于经济和社会发展需求的方向变动。城市用地和开发强度逐步加大，人地作用压力提高，当人口压力超出本底景观生态的承载力时，可能引起生物多样性下降、地表破坏和水环境质量下降等生态问题。自然资源过度开发的资源型城市和一些人口急剧膨胀的大都市往往呈现此类景观生态格局变化趋势。

（2）朝着更倾向于生态保育的方向变动。城市本底景观生态功能得到修复，景观生态多样性提高，但因生态保育政策下对城市用地和人口社会发展需求提供的支撑不足，导致城市社会发展缓慢。流域重点水土保育要求、基本农地分布较广的城市和地区呈现此类景观生态格局变化趋势。

（3）朝着城市经济和社会发展、生态保育方向协调发展的方向变动。此类变动形式的城市在区域发展战略和城市用地规划中统筹考虑城市人口发展和景观生态保护的需求，合理确定可持续发展的用地和空间开发安排。

景观生态学和景观生态规划学科分支为分析城市生态发展提供了理论依据和科学的定量化方法、工具，景观生态格局分析是其中应用较广的方法。通过分析城市的景观生态格局及其变动，以此为基础建立景观生态规划，促进城市生态格局向着满足城市经济、社会需求与保障生态保育协调发展的方向发展。

4.2 景观生态分析的理论模式及方法

4.2.1 IAN L. McHarg 的"千层饼"模式

"千层饼"模式是生态适宜性评价的早期研究理论与方法。20世纪70年代初 IAN L. Mcharg 以美国费城大河谷区域为对象，基于景观生态学研究区域土地资源和景观资源的最佳利用方式和利用模式，评价各种类型土地的适宜性，建立不同类型土地适宜性评价信息的叠合模式（即"千层饼"模式），寻找实现最佳土地利用目标的综合评价方案。同时在评价的基础上，依据生态与地理环境的地表分异将研究区划分为高原、山脊与河谷、大河谷、山麓地带和滨海带进行景观生态规划。该模式方法的核心理念体现在：

（1）强调生态适宜性评价、景观规划研究应基于固有的自然价值和自然过程。

（2）将景观视为一个涵括地质、地形、水文、植被、野生动物、土地利用和气候等主导性生态要素相互联系的系统整体来看待的观点。

（3）在因子识别基础上完善了以因子分层分析、地图叠加技术为核心的景观生态综合评价和规划的方法。

1971年，McHarg 出版了景观生态规划的里程碑式著作《设计结合自然》（*Design With Nature*），系统阐述了其生态规划理念及土地、景观适宜性评价的"千层饼"模式。由于"千层饼"模式在土地和景观适宜性综合评价应用中的实效性，在20世纪80年代引进国内后，被广泛运用于各类土地适宜性评价和景观生态规划。

4.2.2　Richard T. T. Forman的"斑块-廊道-基质"模式

"斑块-廊道-基质"模式由美国生态学家Forman在20世纪80年代初提出。模式的提出将景观生态研究引入空间格局分析方向，着重强调特定尺度下景观生态系统的空间格局和生态要素的空间联系。

"斑块-廊道-基质"是以空间形态分异的角度构建景观空间结构的模式，也是描述景观空间异质性的一个基本模式。该模式强调水平地表生态过程与景观生态要素联系形成的景观空间格局，强调景观空间格局对景观过程的控制和决定作用。"斑块-廊道-基质"模式的应用使景观生态学从静态的结构研究转向动态空间格局研究，为系统景观生态学研究奠定了基础。模式在实践应用中经国内外研究学者的不断充实完善，形成了一套相对完整的定义，定义了景观空间系统中的斑块、廊道、基质（matrix），并对其相互之间的作用、联系机理进行了系统的界定。

4.2.2.1　斑块

斑块是与周围环境在性质和外观上存在明显异质性，并具备内部相对均质性的地表单元。城市建成区、农田、湖泊或积水洼地、山体林地都是城市景观中典型的斑块形式。斑块的具体界定和量化一般通过斑块性质、斑块数目、斑块大小、斑块形状等指标测算。斑块本身具备其形成和变化的一般规律。

斑块的形成起源于环境基底的异质性（地形、地貌、气候等环境因素形成的异质性）、自然干扰（自然生态的空间扩展、分割、连接等）和人类活动（人类对地表属性的改造）。

根据起源和性质可以将斑块分类为环境资源斑块、干扰斑块、残存斑块三种基本类型。环境资源斑块是由环境资源在空间上的异质性引起的斑块；干扰斑块是在景观中受局部干扰而形成的斑块，也包括人为引进和新建的斑块形式；残存斑块是由于斑块受到广泛干扰后残留下来的部分未受干扰的小面积区域，其成因机制正好与干扰机制相反。干扰、残存斑块形成过程中的干扰既可以源于人工的干扰，也可以源于自然的干扰。

斑块的基本空间属性：

（1）斑块具备空间形态的外部尺寸。对斑块尺寸的描述可以定量斑块的等级规模、作用和影响功能水平。一般采用最大斑块面积、斑块平均面积、斑块形状指数等指标定量。

（2）斑块间具备空间联系的属性。空间联系可以通过廊道的连接或基质的传递等形式实现。一般采用斑块密度、连接度、集聚度等指标定量。

4.2.2.2　廊道

廊道是指景观中与相邻两侧环境存在明显空间异质性的线性或带状结构的地表单元，具备隔离异质性景观、连接均质性景观的双重基本功能。一般的廊道具体形式有河流、道路、防护林带等。廊道具体界定借助于连接度、环度、曲度、间断等指标的测算。廊道本身具备其形成和变化的一般规律。

廊道的形成起源于基底资源环境的带状异质性、自然或人类干扰。

根据起源和性质同样可以将廊道划分为资源环境廊道、干扰廊道、残存廊道三种基本类型。按廊道的空间尺寸又可分为线状廊道、带状廊道，按性质还可分为河流廊道、绿廊等类型。

廊道的基本空间属性：

（1）廊道具备空间连接和隔离的双重功能属性，对廊道两侧与廊道本身异质的景观生态要素空间单元产生隔离，对廊道两端与廊道本身均质的景观生态要素空间单元发挥连接的功能。

（2）根据研究的不同空间尺度，廊道的宽度有不同的尺寸定义。

（3）受景观生态过程影响，廊道经空间变化可以与斑块互相转换。

4.2.2.3 基质

基质是景观中尺度最小的要素，又是景观中占据主导面积地位的空间单元。基质是连接性最好的景观要素类型，是景观生态的本底（背景）要素。基质分类以发生法为原则，可分为自然基质和人工基质两大类，具体形式有森林基质、荒漠基质、农田基质、城市建成区基质等类型。

基质的基本空间属性：

（1）基质作为景观空间镶嵌体内的背景空间单元，占据区域景观生态系统的主导面积。

（2）基质拥有各类景观生态空间单元中最高的连接度，是区域空间中的优势单元。

4.2.3 Zev Naveh的"整体人类生态系统"模式

"整体人类生态系统"（total human ecosystem）理论由以色列景观生

态学家Zev Naveh 提出，Zev Naveh 在其20世纪80~90年代的一系列景观生态研究中逐步将该理论模式系统化。"整体人类生态系统"从人地相互作用关系出发，建立以人类生态为中心，包含人地技术体系、文化和价值伦理体系的整体人类生态系统，寻求人类与其总体环境形成最高水平的协同发展，该理论模式的核心观点体现在：

（1）人与自然的协调作用是景观生态形成和变化的动力。

（2）整体人类生态系统涵括自然–人文–产业、社会–经济–环境复合系统。

（3）依据景观生态的物质、能量和信息属性，景观可分为开放景观和建筑景观两个基本类型。开放景观包括自然景观、半自然景观、半农业景观和农业景观，建筑景观包括乡村景观、城郊景观、城市工业景观和文化景观。

4.2.4　Philip H. Lewis的"区域规划过程演进"模式

"区域规划过程演进"（evolving regional design process）模式是20世纪90年代末创新提出的景观生态规划模式，将区域作为自然过程、人文过程高度有机融合的整体，并识别人地融合整体中占据主导生态地位的自然生态要素（如河流生态系统、山谷生态系统等），使区域内的景观生态布局、景观生态过程都围绕人地融合整体及主导自然生态要素，将所有的景观空间、资源布局镶嵌于主导生态要素廊道（河流廊道）组成的网络骨架中，并沿生态廊道集中展开。

4.2.5 景观格局指数方法

景观格局指数方法是对斑块-廊道-基质模式的继承和发展，研究景观结构特征和空间属性的方法，一般以量化的统计指标或景观格局指数解释景观格局，包括利用传统统计学方法和空间统计分析方法（空间自相关分析、分形维数分析等）建立量化模型，形成格局分析指标或景观格局指数。

由于景观格局指数所表达的景观生态学意义明确、指数的模型标准化程度高，所以在几种景观格局分析方法的应用中占据主导地位。景观格局指数可以直观传递景观格局信息，反映景观结构和空间属性的某些特征。其反映的景观格局特征包含三个层次。

（1）单个斑块层次（patch level），体现斑块个体的信息。

（2）由若干斑块组成的斑块类型层次（class level），体现同一景观生态分类的斑块类型信息。

（3）由不同斑块类型组合形成的景观镶嵌体层次（landscape level），是区域内最高层次的景观格局信息，反映区域景观生态的总体结构和空间特征。

从指数类型分析，景观格局指数包括景观单元特征指数和景观异质性指数两种基本类型。单元特征指数用于描述最小的景观格局分析单元——斑块，包含斑块面积、形状（周长、周长面积比等）、数量等特征指数；景观异质性指数包括多样性指数（diversity index）、距离指数（distance index）、镶嵌度指数（patchiness index）、景观破碎化指数（landscape fragmentation index）四类。

　　各类景观格局指数为定量描述不同景观之间的空间格局差异、掌握景观镶嵌体内部格局特征提供了直观的分析工具。此外，遥感与地理信息系统技术的结合，提高了景观格局指数分析中空间数据的获取和处理效率，数理统计软件的应用使指数的批量计算成为可能。各类景观生态分析软件（FRAGSTATS、PATCH ANALYSIS等）的运用则直接实现景观格局指数分析的标准化和统一化。基于景观格局指数方法在分析过程和分析结果方面的显著优势，目前已成为景观生态分析的主流方法。

4.3 南安市城市景观生态分类

4.3.1 景观生态分类方法

　　景观生态分类是对城市开展景观生态分析的基础性工作，城市生态系统是更大尺度的区域景观生态系统的组分，在各种分类体系中占据重要地位，相对于大地景观生态系统和区域景观生态系统的多级分类，城市景观生态系统组分相对均一，景观类型有限，在实证研究中多直接采用单级分类方法，将城市景观生态划分为若干组成类型，以方便进一步开展景观生态分析和评价。

　　城市景观生态分类判定以分类方法和原理为基础，并依赖于空间信息和属性信息的获取，国内外实证研究中的处理方法以遥感图像解译、地形图要素信息提取等信息处理方法为主，结合区域其他背景资料分析及关键区域的现场调查成果，选取并确定区域景观生态分类的主导要素和依据，确定景观生态分类。实际信息处理过程中涉及地理信息系统框架下的 ARCGIS、ERDAS 等通用工具和平台的利用，通过系统的信息处理工具进行非监督分类，保障对大范围空间景观生态分类的工作效率，并结合研究者、专业人员的目视判读等监督分类方法，保障分类的适用性和准确性。

4.3.2　景观生态分类

城市景观生态分类以城市景观要素识别为基础，对景观生态中各类自然、人工环境要素进行识别，区别要素组合的基本形式，并以分类方案反映特定尺度的城市总体景观生态特征。本书从景观生态要素识别出发，依据主要景观生态分类体系并适当针对实证区进行调整，结合遥感图像解译获取分类信息，进行城市景观生态分类。具体过程如下。

4.3.2.1　分类地表范围的确定

考虑后续景观生态格局分析的需要，本书确定景观生态分类的地域范围为南安市2007年城市总体规划中确定的城市规划区的中心范围，面积97.60km²，景观分类和景观格局分析的地表范围在天际线规划研究区的范围（12.25km²）上进行扩大，主要考虑景观格局分析的本底性作用，通过对扩大的空间范围进行景观生态分析，充分获取城市总体景观生态格局信息，为天际线规研究区的景观生态总体定位，以及天际线规划中的用地适宜性评价和天际线分形分析奠定基础。

4.3.2.2　分类过程

根据城市景观生态分类四原则，将城市景观类型划分为：建构筑物景观、山体及绿地景观、河流景观、河塘及支流景观、城郊农地景观五种类型。在ARCGIS10.0平台上对2007年、2013年两期Landsat-7遥感影像进行分类信息提取，采用ARCGIS10.0进行影像重分类，分类过程中具体结合监督分类与非监督分类技术进行分类信息处理，获得分类地形范围内两期的景观生态分类分布图，如图4-1、图4-2所示。根据获取的景观生态分类及分布信息，对景观生态类型空间组合所构成的景观格局进行分析。

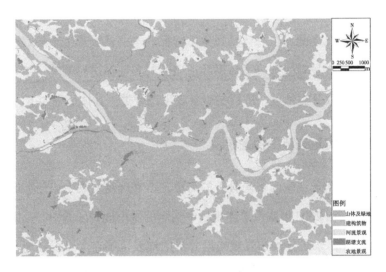

图4-1　2007年南安市城市景观生态分类图

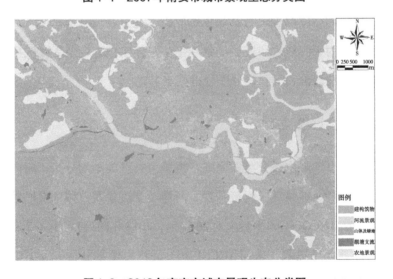

图4-2　2013年南安市城市景观生态分类图

4.4　基于景观格局指数的景观生态格局分析

4.4.1　分析地表范围的确定

景观生态格局是对区域景观生态结构、分布的全面体现，景观生态格局分析以区域景观生态系统的整体性特征和内部组分空间关系为重点研究对象。城市局部区域的景观生态分析需建立在对城市整体景观生态格局把握的基础上，因此，在进行研究区景观生态分析过程中，结合以研究区扩大的城市总规中心区作为景观生态格局分析地表范围，范围与景观生态分类地域保持一致，即南安市城市规划中心区，面积97.60km²。

4.4.2　景观格局指数分析方法

基于景观格局指数法在数据处理和成果分析方面的优势，本书采用景观格局指数法进行城市景观生态格局分析，通过系统景观格局指数分析掌握城市的总体景观生态格局，为绿色天际线规划提供依据。

景观格局指数法以斑块层次、斑块类、景观三个层次各详细指数体现城市景观生态格局的各方面特征，其指数众多，信息和数据处理量大。因此，本书采用FRAGSTATS 4.2进行标准化景观格局指数计算。

FRAGSTATS 4.2是系统的景观格局指数软件，由美国俄勒冈州立大学开发并于2013年更新升级的景观格局指数计算软件，以景观生态分类的栅格图为数据源计算景观生态格局的各层次指数，各详细指数根据模块设计归类为面积和密度指数、边缘指数、形状指数、核心面积指数、邻近度指数、多样性指数、集聚度指标七类格局指数，其中关键指数如表4-3所示。

此外，还包含部分指数的标准差和方差指数，FRAGSTATS 4.2可实现99个基本景观格局指标，其中斑块水平指数15个、斑块类型水平指数39个、景观镶嵌体水平指标45个指数，虽其部分指数之间存在高度关联，仍是全面获取各层次景观格局信息的有效工具。为提高分析的效率并减少结果信息的重复，本书选取FRAGSTATS 4.2计算模块中的部分关键指数（见表4-3），分析南安市城市景观生态格局。

表4-3 基于FRAGSTATS 4.2的核心景观格局指数指标及其含义

表征类型	景观指数	缩写	解释
面积和密度	斑块数	NP	反映景观中斑块的总数。取值范围：NP≥1
	边缘密度	ED	$$ED = \frac{E}{A}10^6$$ 反映景观斑块的边界密集程度，景观中所有斑块边界总长度（m）除以景观总面积（m²），再乘以10^6（转换成 m²）。取值范围：ED≥0
	平均斑块面积	MPS	$$MPS = \frac{A}{N}10^6$$ 反映景观斑块的平均规模。景观中所有斑块的总面积（m²）除以斑块总数，再乘以10^6（转换成 km²）。取值范围：MPS>0
	斑块密度	PD	$$PD = \frac{N}{A}$$ 反映斑块的密集程度。景观中斑块总数目除以景观总面积，取值范围：PD>0

表征类型	景观指数	缩写	解释
形状	景观形状指数	LSI	$$LSI = \frac{0.25E}{\sqrt{A}}$$ 反映景观形状的整体规则程度。景观中所有斑块边界的总长度（m）除以景观总面积（m²）的平方根，再乘以正方形校正常数。当景观中只有一个正方形斑块时，LSI=1；景观中斑块形状不规则或偏离正方形时，LSI值增大。取值范围：LSI⩾1，无上限
	平均斑块形状指数	MSI	$$MSI = \frac{\sum_{i=1}^{m}\sum_{j=1}^{n}\left(\frac{0.25P_{ij}}{\sqrt{a_{ij}}}\right)}{N}$$ 斑块的平均规则程度指数。景观中每一斑块的周长（m）除以面积（m²）的平方根，再乘以正方形校正常数，然后对所有斑块加和，再除以斑块总数。当景观中所有的斑块均为正方形时，MSI=1；当斑块的形状偏离正方形时，MSI增大。取值范围：MSI⩾1，无上限
	周长–面积比分维数（斑块形状分形指数）	PAFRAC	$$PAFRAC = \frac{\left[N\sum_{i=1}^{m}\sum_{j=1}^{n}\left(\ln p_{ij}\times\ln a_{ij}\right)\right]-\left[\left(\sum_{i=1}^{m}\sum_{j=1}^{n}\ln p_{ij}\right)\left(\sum_{i=1}^{m}\sum_{j=1}^{n}\ln a_{ij}\right)\right]^{2}}{\left(N\sum_{i=1}^{m}\sum_{j=1}^{n}\ln p_{ij}^{2}\right)-\left(\sum_{i=1}^{m}\sum_{j=1}^{n}\ln p_{ij}\right)^{2}}$$ 描述斑块核心面积的大小及其边界线的复杂度，其中周长面积比分维数值越大，景观形状越复杂，取值范围：PAFRAC⩾1
集聚性	蔓延度	CONTAG	$$CONTAG = \left[1+\sum_{i=1}^{m}\sum_{j=1}^{n}\frac{P_{ij}\ln\left(P_{ij}\right)}{2\ln\left(m\right)}\right]\times 100$$ 式中，m 是斑块类型总数，P_{ij} 是随机选择的两个相邻栅格细胞属于类型 i 与 j 的概率。蔓延度指数通常度量同一类型斑块的聚集程度，并受景观均质度和类型数量的影响。取值范围：0<CONTAG⩽100
	集聚度	AI	$$AI = \left[\frac{g_{ij}}{\max\rightarrow g_{ij}}\right]\times 100$$ 当同类型斑块处于最大程度的离散分布时，其集聚度为0；景观中的同类型斑块被聚合成一个单独的、结构紧凑的斑块时，集聚度为100。取值范围：0⩽AI⩽100

表征类型	景观指数	缩写	解释
	平均最近邻体距离	MNN（或ENN）	$$\mathrm{MNN} = \frac{\sum\limits_{i=1}^{m}\sum\limits_{j=1}^{n} h_{ij}}{N'}$$ 反映斑块的邻近程度。景观中每一个斑块与其最近邻体距离的总和（m）除以具有邻体的斑块的总数。取值范围 MNN≥0
多样性	Shannon 多样性指数	SHDI	$$\mathrm{SHDI} = -\sum_{i=1}^{m}(P_i \times \ln P_i)$$ 景观类型多样化指数。其中，m 是斑块类型总数，P_i 为 i 类型斑块出现的概率。取值范围：SHDI≥0
	Shannon 均匀度指数	SHEI	$$\mathrm{SHEI} = \frac{-\sum\limits_{i=1}^{m}(P_i \times \ln P_i)}{\ln m}$$ 反映景观中不同景观类型的分配均匀程度

4.4.3　计算过程

以 ARCGIS 重分类获取景观生态分类分布图后，将图像按栅格粒度为 3m×3m 分辨率转换为 Grid 格式图像，作为源文件导入 FRAGSTATS 4.2，并根据景观分类方案，建立斑块分类设定文件，分别选取 19 个景观水平，即镶嵌体水平的核心指数，以及 18 个斑块分类水平核心指数，计算获得城市的主要景观格局指数。

4.5 计算结果分析

4.5.1 Landscape level 格局指数计算结果分析

根据 Landscape level（景观水平）的格局指数计算结果（见表4-4），从格局指数的数值大小和变化，对南安市城市景观生态格局进行以下分析。

表4-4 Landscape level 指数计算结果

LID（index）	指标名称	2007 value	2013 value	单位
TA	景观面积	9760.08	9760.08	ha
LPI	最大斑块占景观比重	10.78	19.07	%
AREA_MN	平均斑块面积	0.39	0.19	ha
AREA_SD	斑块面积标准差	12.55	11.23	ha
LSI	景观形状指数	96.99	154.88	-
SHAPE_MN	斑块平均形状指数	1.33	1.18	-
SHAPE_SD	形状指数标准差	1.02	0.78	-
FRAC_MN	平均分形指数	1.08	1.06	-
FRAC_SD	分形指数标准差	0.08	0.09	-
PARA_MN	平均周长面积比	4499.76	6899.89	-
PARA_SD	周长面积比标准差	1830.77	1515.72	-

续表

LID（index）	指标名称	2007 value	2013 value	单位
PAFRAC	周长面积比分维数	1.43	1.52	-
CONTIG_MN	平均邻近指数	0.38	0.12	-
CONTIG_SD	平均邻近指数	0.23	0.17	-
ENN_MN	平均邻近距离	17.50	14.67	m
ENN_SD	平均邻近距离标准差	26.30	16.90	m
CONTAG	蔓延度指数	54.62	49.84	-
AI	集聚度指数	90.32	84.46	-
SHDI	Shannon多样性指数	1.13	1.11	-

4.5.1.1 景观的面积和密度特征

平均斑块面积AREA_MN由2007年的0.39ha下降到2013年的0.19ha表明城市化进程中南安市的城市景观生态受人为干扰程度加大，平均景观斑块面积下降，景观总体更加破碎。斑块面积标准差（AREA_SD）略有下降，说明斑块大小差异缩小，但标准差总体数值较高（12.55，11.23）反映斑块的大小差异和对比较显著。最大斑块占景观比重由10.78变化为19.07，反映部分核心斑块受城市建设影响，斑块规模得到扩展。

4.5.1.2 景观的形状特征

LSI（景观形状指数）反映景观总体周长面积比，该指数由2007年的96.99上升至2013年的154.88，而单个斑块平均形状指数SHAPE_MN由1.33下降为1.18，两者变化出现不同步现象，表明在城市人类干扰加大情况下，景观总体趋于破碎，斑块数量上升，引起 LSI 上升，而斑块平均形状指数 SHAPE_MN，连同形状指数标准差 SHAPE_SD、平均分形指数 FRAC_MN，均呈现减小趋势，反映斑块受城市建设的控制，形状由不规则向规则变化，引起指数下降。因此景观的总体形状趋于复杂，而斑块个体的平均形状则因叠加了更多的人为改造变得规则。

4.5.1.3　景观的集聚性特征

平均邻近指数 CONTIG_SD、平均邻近距离 ENN_MN、平均邻近距离标准差 ENN_SD 均出现不同程度的减小，反映城市建设扩展，景观之间的联系得到加强（特别是建构筑物景观与其他斑块类型联系的加强），景观斑块的邻近距离减少。城市建构筑物景观的扩张建设较为分散，呈现多点式拓展，作为城市主要优势斑块类型，其变化特征促使指标 AI、CONTAG 等指数值减小。

4.5.1.4　景观的多样性特征

本书以 Shannon 多样性指数 SHDI 测度城市景观的多样性，其数值由 2007 年的 1.13 变化为 2013 年的 1.11，数值出现小幅下降，反映在部分农田、湖塘支流斑块的减小甚至消失，且城市建构筑物景观拓展的同时，景观多样性出现下降。

4.5.2　Class level 格局指数计算结果分析

根据南安市 2007 年、2013 年两个时段斑块 Class level（类型水平）的格局指数计算结果（见表 4-5），分析各景观类型的景观格局变化。

表4-5 Class level index score（斑块类型水平的指标数值）

Type	Structure		Green		River		Reserviors		Cropland	
Year	2007	2013	2007	2013	2007	2013	2007	2013	2007	2013
CA	2105.82	3332.36	5463.27	4893.35	496.28	573.23	119.53	99.59	1575.10	861.47
PLAND	21.57	34.14	55.98	50.14	3.55	5.87	1.22	1.02	16.14	8.83
PD	177.90	242.61	72.24	108.12	0.07	0.07	4.48	2.69	1.49	0.53
LPI	10.78	19.07	10.78	9.87	0.96	1.11	0.08	0.07	2.32	0.87
AREA_MN	0.12	0.14	0.79	0.53	49.50	56.73	0.30	0.50	11.14	13.01
AREA_SD	4.80	18.44	21.96	31.88	31.91	34.23	0.70	1.17	25.08	16.54
LSI	182.57	244.54	122.09	153.69	8.53	8.33	29.31	15.48	26.94	12.85
SHAPE_MN	1.31	1.21	1.34	1.27	3.07	2.49	1.58	1.51	2.19	2.00
SHAPE_SD	0.88	1.34	1.31	0.73	1.01	0.93	0.70	0.88	1.16	0.77
FRAC_MN	1.08	1.06	1.08	1.07	1.16	1.15	1.12	1.09	1.13	1.12
FRAC_SD	0.08	0.09	0.09	0.10	0.04	0.04	0.09	0.06	0.07	0.06
PAFRAC	1.46	1.53	1.45	1.52	1.06	1.05	1.06	1.31	1.25	1.22
CONTIG_MN	0.38	0.14	0.33	0.17	0.97	0.97	0.65	0.80	0.77	0.91
CONTIG_SD	0.21	0.18	0.23	0.19	0.00	0.00	0.24	0.18	0.32	0.18
ENN_MN	16.37	13.91	13.31	14.60	19.99	20.25	116.43	298.03	58.13	174.41
ENN_SD	10.20	99.92	4.95	5.62	8.25	8.47	145.07	294.07	100.30	249.91
AI	80.19	78.88	91.88	89.17	97.97	97.62	87.49	91.45	96.77	97.72

4.5.2.1 建构筑物景观格局变化

建构筑物景观类型面积指数CA、类型占景观面积比重PLAND出现大幅上升，反映城市建设的快速拓展。斑块密度PD和最大斑块面积占比LPI均增大，反映建构筑物斑块在数量上升的同时，核心斑块面积增大，景观得到强化。平均斑块面积AREA_MN、斑块面积标准差AR-

FA_SD增大进一步证实建构筑物景观中心斑块的增强。

类型斑块的平均形状指数SHAPE_MN减小，斑块平均形状指数标准差SHAPE_SD增大，斑块分形系数FRAC_MN减小，反映在建构筑物斑块形状规则程度提高的同时，由于核心斑块的增大加大了斑块间的形状差异。

平均邻近指数CONTIG_SD、平均邻近距离ENN_MN出现显著减小，反映建构筑物建设扩展，景观之间的联系得到加强，景观斑块的邻近距离减小。平均邻近距离标准差ENN_SD增大，反映核心斑块扩展形势下建构筑物斑块间平均距离差异加大。集聚度指数AI略微下降，反映建构筑物核心斑块扩展的同时，建构筑物景观的扩张主要沿北向、东向呈非点式分散扩展，两者集聚和分散作用相互抵消，集聚度指标变化不显著。

4.5.2.2 河流干流景观格局变化

河流干流（西溪）景观类型面积指数CA、类型占景观面积比重PLAND、最大斑块景观面积占比LPI上升，反映南安市西溪干流拦河闸建成后河流干流上游水面上升，水体面积增大。斑块的平均形状指数SHAPE_MN、景观形状指数LSI、平均分形维数FRAC_MN略减小，反映滨江湿地经部分整治后，河流斑块规则度提高。由于河流斑块仅由越江桥梁分隔形成，数目稳定，因此其各集聚性指数基本保持稳定。

4.5.2.3 山体覆被及绿地景观格局变化

山体覆被及绿地景观类型面积指数CA、类型占景观面积比重PLAND、最大斑块面积占比（LPI）出现下降，反映城市建设用地的拓展挤占了部分山体植被覆被，且核心斑块面积减小。斑块密度PD显著增大、平均斑块面积AREA_MN减小，反映受城市建设的干扰，自然植被趋向破碎。

类型斑块的平均形状指数SHAPE_MN、斑块平均形状指数标准差SHAPE_SD、斑块分形系数FRAC_MN均减小，反映山体覆被及绿地受人为改造，形状规则度提高且斑块间变差减小。

平均邻近指数CONTIG_SD减小，平均邻近距离ENN_MN增大，反映受城市建设的影响，山体覆被及绿地景观之间的空间邻近性削弱，景观斑块的邻近距离增大。集聚度指数AI下降，进一步反映类型景观中心斑块减弱、集聚性下降。

4.5.2.4 农地景观格局变化

农地景观类型面积指数CA、类型占景观面积比重PLAND、最大斑块面积占比LPI、斑块密度PD出现显著下降，反映城市建设推进，部分农地依照规划转为建设用地而消失。平均斑块面积AREA_MN增大，反映受城市产业化影响，农地种植规模化略有提高。

类型斑块的平均形状指数SHAPE_MN、斑块平均形状指数标准差SHAPE_SD、斑块分形系数FRAC_MN均减小，反映农地景观受建构筑物拓展边界的干扰，形状规则度提高且斑块间变差减小。

平均邻近指数CONTIG_SD增大，平均邻近距离ENN_MN明显增大，反映受城市建设的影响，农地景观之间的空间邻近性削弱，景观斑块的邻近距离增大。集聚度指数AI仍保持较高水平，体现农地受土地资源制约，集聚性高。

4.5.2.5　河塘及支流景观格局变化

河塘及支流景观类型面积指数 CA、类型占景观面积比重 PLAND、最大斑块面积占比 LPI、斑块密度 PD 出现显著下降，反映受城市建设的影响，部分河塘及支流缩小或消失。平均斑块面积 AREA_MN 增大，反映部分小规模的河塘及支流受人工干扰消失，斑块数量下降幅度超出斑块面积下降幅度。

类型斑块的平均形状指数 SHAPE_MN、斑块分形系数 FRAC_MN 均减小，反映河塘及支流景观受建构筑物拓展边界的干扰，形状规则度提高。斑块平均形状指数标准差 SHAPE_SD 增大，反映小斑块的消失加大了斑块间形状变差。

平均邻近指数 CONTIG_SD 减小，平均邻近距离 ENN_MN 明显增大，反映受城市建设的影响，部分景观被挤占，河塘及支流景观斑块的邻近距离增大，景观之间的空间邻近性削弱。集聚度指数 AI 仍保持较高水平，体现核心斑块保持较好，集聚度高。

4.5.3　城市景观格局对滨江区域天际线景观规划的影响

（1）南安市丘陵山地河谷型的城市景观生态背景下，城市具备人工建构筑物、河流干流、山体植被及其他绿地、湖塘支流、农地等丰富的景观类型，多样性的景观生态类型为城市天际线规划提供良好的要素基础，西溪干流水体保护严格，在景观类型中的面积比重得到提高，是滨江区域天际线的核心视域。

（2）西溪河流干流景观、河塘及支流景观集聚度保持较高水平，平均斑块面积有一定程度增大，具备较高的景观功能条件，是天际线规划的重要景观要素。景观格局分析区属城市总体规划规划区，但农地景观仍占各类景观面积的 8.83%，未来作为人工建构筑物天际线规划用地具备一定潜力。

（3）受城市建构筑物景观拓展影响，城市山体绿地和植被景观面积下降，景观趋于破碎，部分坡度较大的山体用地被平整作为建设用地，景观的中心斑块减弱，丘陵山地城市的自然山体天际线背景局部遭到破坏。

（4）建构筑物景观的中心斑块得到加强，利于天际线垂直空间形体的规划。核心斑块得到强化的同时，建构筑物景观的扩张主要沿北向、东向呈非集中式扩展，集聚度下降，制约天际线规划形成显著的线形空间秩序。

（5）在建构筑物景观的扩展形势下，景观多样性出现下降，滨江区域景观生态敏感，山体植被、河塘支流景观规模下降影响景观生态多样性保护，间接影响天际线景观多样性。

（6）基于景观生态格局指数分析的城市绿色天际线规划体现为，以城市的景观格局特征分析为基础，以保护城市景观生态多样性，增强各景观类型的景观功能为目标。

4.6 本章小结

　　本章内容从景观生态分析相关概念阐述出发，梳理景观生态分析的主要理论模式及方法，选取景观格局指数分析方法，并利用FRAG-STATS 4.2集成的系统景观格局计算工具，从景观水平、斑块类型水平对南安市城市的景观格局进行量化，获取城市景观生态格局现状及变动的基本信息，以量化结果分析城市景观的面积和密度、形状、集聚性、多样性特征及变化趋势，分析主要城市景观生态类型的景观格局特征和变化趋势，并评析城市景观格局特征及变动对城市天际线规划的影响。

第5章　天际线用地景观生态适宜性评价

5.1　评价总体框架

城市天际线以土地为承载基底，用地条件是天际线规划以及其他专题城市规划设计的基础条件。天际线用地景观生态适宜性评价区别于一般土地适宜性评价、天际线景观形态评价，在评价类型、评价目标、评价内容、评价特征和评价因子指标确定等方面具备自身特性（见表5-1）。评价从城市天际线的景观生态影响因素分析出发，依据区域性原则、适用性原则、单因素评估和综合性评价相结合原则，建立天际线建设用地的景观生态适宜性评估体系，评价天际线用地的景观生态因素水平及其空间分布情况。

评价以重分类的遥感影像为依据，对天际线用地适宜性的各影响因素进行单因素分析，确定各因子影响下的用地适宜性水平、等级及分布，评估各因素对城市天际线用地建设的适宜性。在单因素评价基础上，进一步完成景观生态适宜性综合评价，确定用地的景观生态适宜性及分布。

表5-1　相关评价类型对比

评价类型	评价目标	评价内容	评价特征	评价因子
土地适宜性评价	评估土地利用的适宜性	耕地适宜性评价、建设用地适宜性评价等	关注用地本身的生产性、经营性评价	土壤有机质、坡度、植被覆盖、现状利用水平、区位等
天际线形态适宜性评价	评估天际线形态的适宜性	天际线文化评价、视觉评价等	关注天际线空间形态及感观视觉评价	天际线意象、视阈、视廊等
天际线用地景观适宜性评价	评估天际线用地建设的景观生态适宜性	城市景观生态特征评价，用地景观生态影响因子	关注用地城市生态因素质量及天际线视域、视廊对用地适宜性的影响	视域和视廊因素、坡度、地形风区、水文、植被等自然生态因子

5.1.1　评价层次和内容

评价依据天际线用地主要的景观生态影响因子，分别进行单因素评价、因子综合评价两种等级的用地适宜性评价，评估城市天际线建设用地景观生态影响因子的大小、等级和分布，评价天际线建设用地的景观生态条件。

5.1.2　评价原则

（1）区域性原则。区域性原则是实证科学研究的基本原则，在天际线用地景观生态评价中，区域性原则主要体现在影响因子的确定过程中，充分体现区域景观生态系统的结构和要素特征，以城市景观生态系统中对天际线用地建设存在主导性和约束性的关键因子作为评价的对象。

（2）适用性原则。评价是建立城市天际线规划用地控制的依据，适用性的原则主要体现在影响因子的评价指标选择、综合性评价结果的输出单元确定。评价指标选取综合考虑数据的获取和处理条件、指标对因子的解释度。综合性评价结果的输出单元确定以适用于城市详细用地规划为目标。

（3）单因素评估和综合性评价相结合原则。天际线建设用地适宜性不同于一般的耕地适宜性或建设用地适宜性评价，评价可直接借鉴的理论基础和实践案例基础相较薄弱，综合性评价指标体系确定需建立在单因素评估基础上，通过揭示因子的影响路径、影响的程度，并合理选取因子指标，完成单因素评估，进而完成用地景观生态适宜性综合评价。

5.2　评价因子和指标

5.2.1　评价因子和指标确定

　　影响天际线用地适宜性的因素众多，因子的指标选取和量化，关系评价的质量。天际线用地景观生态适宜性评价因子和指标确定从城市生态景观特征分析出发，以天际线与城市环境关系分析为基础，识别天际线建设用地的景观生态影响因子。建立区别于一般土地适宜性评价、天际线景观形态评价的天际线用地景观生态评价指标。

　　指标确定以定量化用地适宜性为目标，根据研究区南安市丘陵山地河谷型的城市景观生态系统特征，建立包含城市环境生态因子和天际线视觉因子两类共6个详细指标，在环境生态因子的基础上叠加评估天际线的视域和视廊，各评价指标的等级划分统一纳入四级用地适宜性等级：适宜、较适宜、基本不适宜、不适宜，如表5-2所示。

5.2.2　指标数据来源

　　对指标的定量化评估是天际线用地适宜性评价的基本路径，量化评估以数据为基础。评价中指标各异，数据和资源主要为遥感影像、区域地质图、大比例尺地形图（1∶5000）以及部分实地调查数据，如表5-3所示。

表5-2 天际线建设用地的景观生态适宜性评价指标

用地适宜性评价指标	适宜	较适宜	基本不适宜	不适宜	指标权重
距离D1、D2、D3（分别代表距一、二、三级景观视廊轴线的距离）/m	D1>200 D2>150 D3>100	150<D1≤200 100<D2≤150 70<D3≤100	100<D1≤150 70<D2≤100 50<D3≤70	D1≤100 D2≤70 D3≤50	0.22
地形坡度/%	<8	8~20	21~30	>30	0.15
地形风	迎风坡区	顺风坡区	高压风区	背风区、涡风区	0.11
距地震断裂带的距离/m	>200	>100	50~100	<50	0.12
离岸距离/m	300~800	800~2500	>2500	<300	0.23
植被覆盖质量（覆盖度VC）/%	纳入城市规划建设用地的现状耕地及VC<30%的山体植被和湿地植被、VC<40%的其他绿地	40%≤VC<60%、30%≤VC<40%的山体植被和湿地植被	VC≥60%植被或40%<VC<60%的山体植被和湿地植被	纳入城市规划建设用地的现状耕地、VC<30%的山体植被和湿地植被、VC<40%的其他绿地	0.17

表5-3 指标数据来源

	环境生态指标	天际线视觉指标
主要来源	遥感影像 实地调查 区域地形图、地质图	遥感影像 区域地形图

5.3 天际线用地景观生态适宜性定量评价

5.3.1 评价区域确定

河谷型城市中滨江区域是天际线景观最重要的开放界面，评价区域以南安市区西溪滨江段为中心，结合城市总规中的用地布局和主干交通位置，确定为滨江区域1225.60ha用地（含河流面积）范围，评价区域拥有城市天际线景观展示的核心界面，是天际线规划的关键区域。

5.3.2 单因素评价框架

天际线的景观生态评价中，各因子对天际线用地建设的影响和限制作用不同，单因素评价有助于直接掌握影响因子对天际线用地的建设约束作用，通过单因素分析评估城市天际线用地影响因子的大小、等级和分布特征，评价单因素的影响作用及基于因子评价的用地适宜性。

单因素评价从城市景观生态结构和要素分析入手，根据指标选取原则，结合取得的各项数据和资源，确定影响天际线用地适宜性的各类因子和对应指标，选取距景观视廊距离、坡度、风压区、离岸距离、植被覆盖度等6项评价指标进行单因素评价，根据因子特性及其对天际线建设的影响，划分评分等级并以非等差赋值法对各等级指标进行量化。数据处理以遥感影像重分类，提取各类因子信息，在ARCGIS10.0中栅格化因子图像后进行栅格分析和计算等操作，建立单因素栅格数据层。对栅格数据层进行相关矢量化处理形成基于各影响因素的用地适宜类型分布图。最后根据评价指标等级分布，评估研究区天际线的各类景观生态因子水平，并评估基于因子条件的用地适宜性。

5.3.3　因素综合评价框架

因素综合评价基于单因素评价，对单因素评价结果进行权重赋值，并以权重汇总各因素的用地适宜性分值，获得综合天际线6个景观生态因素信息的综合评价结果。具体步骤包括：确定各因素权重赋值，划分综合评价的用地单元，按划分单元及权重汇总景观生态因素评估分值，根据综合评估分值，评价用地景观生态综合适宜性水平及分布评价结果。

5.4　单因素评价

5.4.1　天际线视域和视廊因素的用地适宜性评价

5.4.1.1　因素评价的作用

城市天际线是在自然环境上叠加了人类活动形成的景观形式，规划中的影响因素评价综合考查自然环境协调性因素和人工环境协调因素，视域和视廊评价是天际线人工环境协调性评价的重要内容。作为天际线的特征要素，视域和视廊是天际线意象在各类空间尺度上展示的必要条件。建构筑物及其组合的垂直空间形态形成天际线景观需满足视域开放和视廊通畅的基本前提，从城市空间的中观和宏观尺度上对天际线视域和视廊进行分析，测度天际线视域和视廊的空间位置和尺寸关系，评价基于视域和视廊分析的现状用地适宜性，对于天际线规划的作用体现在以下几方面。

第一，天际线的视域和视廊依托城市空间作为载体，视域和视廊评价关系天际线建设用地的空间布局，为确定天际线建设用地适宜性方案提供参照。

第二，视域和视廊决定城市天际线的景观尺度，开放的视域和通畅的视廊条件是连续性天际线宏观形象的基本条件，评价中保障城市环境视域和通畅的开放度和通畅度是天际线规划中进行视觉评价的主要目标。

第三，城市中的山体、植被带、水体等自然形体既是天际线组成的自然要素，又因其开敞式的宏观形体构成天际线视域和视廊的基底。对城市自然形体基底上形成的视域和视廊评价是天际线视觉评价的重要内容，为天际线规划中构建视觉环境，协调自然与人工环境天际线提供依据。

5.4.1.2　评价依据和评价分类

天际线视域和视廊评价从属于景观视觉环境评价（landscape visual environment assessment，LVEA）评估景观视觉要素水平及分布。景观视觉环境评价从20世纪60年代创立至今，以评估城市的景观视觉环境为目标，发展出了基于认知学派、心理物理学派、专家学派、生态学派等学派分支理论的多种评价方法，包括专业描述和评价法、量化综合法、公众偏好调查法等，如表5-4所示。

表5-4　景观视觉分析和评价方法

景观视觉环境评价类型	专业描述和评价法	公众偏好调查法	量化综合法
类型原理	以专家的一致性客观定义和描述评估环境视觉	以公众的多数认定或多数描述评估环境视觉	基于生态、心理物理、认知分析的量化综合指标进行评估
具体方法	专业定性评价或专业咨询法等	问卷调查、访谈及公众测试等	心理物理学法、认知测度、生态法等
优点	便捷性和实用性高	方案符合公众偏好	系统严密，评估依据可靠
局限性	评价成效取决于专家能力，稳定性不足	评估结果的专业性不足	模型多样，通用性较低，影响评估效率

比较景观视觉环境分析和评价中的几种方法，量化综合法基于生态学、心理物理和认知学的系统理论原理，在分析和评价的理论依据、系统严密性、过程控制可靠性方面具备明显优势，分析和评估结果应用于用地适宜性评价利于量化确定用地适宜性方案。本书对天际线视域和视廊评价以景观生态规划理论为原理，遵循量化综合法，根据天际线的视觉要素组成和分布，定量天际线景观视域的空间尺寸，定量评估用地与天际线景观视廊的位置关系，划分用地距景观廊道中轴线距离等级，建立基于视域和视廊分析的天际线建设用地适宜性评价方案。

5.4.1.3 评价信息处理过程及结果

节点和廊道是景观系统的两大基本要素，扩展的景观节点概念包含观赏点（视点）和关键景观点两种类型，属景观视觉系统中的点状要素。视廊是景观节点间的视觉联系通道，属景观视觉系统中的线状或带状要素。节点和廊道的位置决定城市景观视觉格局，评价过程首先对区域景观节点、景观观赏节点进行定位，综合定位信息，确定天际线景观视廊的位置。

南安市滨江区域天际线景观的观赏节点定位：滨江区域观赏节点以位于沿江开放界面内的交通节点和人群聚集点为主，根据视觉影响大小确定现状天际线景观系统中的A、B两级观赏节点分布，如图5-1所示。A级观赏节点是城市天际线景观的观赏活动最密集点位，B级节点作为A级观赏节点的辅助，是观赏活动较密集点位。

景观节点定位：滨江区域内部的视觉联系由于有宽阔的江面开放带作保障，内部视觉联系通畅，因此在景观节点和廊道分析中进行简化处理，以天际线中的自然山体峰顶作为关键景观节点，综合自然山体的形体、高度规模及离岸远近，确定现状天际线景观系统中的A、B两级景观节点分布，A级景观节点相较B级节点提供更显著的景观意象。

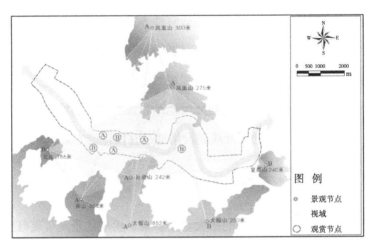

图 5-1 观赏节点与景观节点分布图

滨江区域天际线景观视廊的定位。观赏节点和景观节点定级定位后，依据两者的空间联系，确定滨江区域天际线景观视廊的位置和等级。规划立足丘陵和山地河谷型城市的景观生态特征，以强化滨江观赏节点与主要山体联系作为视廊控制的关键，控制滨江观赏节点与自然山体最高控制点之间的景观视廊。

根据各等级景观节点和景观观赏节点的组合形式，将视廊划分为一级视廊、二级视廊、三级视廊，如表5-5所示。一级视廊是城市的最重要的景观视廊，提供A级景观观赏节点与A级景观节点间的视觉联系，对于视廊内的用地控制最为严格，二级视廊和三级视廊用地控制要求相应降低。由此建立天际线建设用地适宜性等级与视廊的空间位置的关系，确定用地距景观廊道中轴线距离等级评价方案（见表5-6）。

表5-5　景观节点联系及视廊划分

	A级景观节点	B级景观节点
A级景观观赏节点	一级视廊（控制宽150m×2）	二级视廊（控制宽100m×2）
B级景观观赏节点	二级视廊（控制宽100m×2）	三级视廊（控制宽70m×2）

表5-6　用地距景观廊道中轴线距离等级评价及初始赋值

	适宜	较适宜	基本不适宜	不适宜
D1、D2、D3代表距一、二、三级廊道轴线的距离／m	D1>200 D2>150 D3>100	150<D1≤200 100<D2≤150 70<D3≤100	100<D1≤150 70<D2≤100 50<D3≤70	D1≤100 D2≤70 D3≤50
用地因素条件特征	用地位于视廊外，建设对景观视觉无遮挡	用地位于视廊外或其边缘附近，建设对景观视觉基本无遮挡	用地位于视廊范围内，建设对景观视觉明显遮挡	用地位于视廊核心范围内，建设对景观视觉严重遮挡
适宜用地建设项目类型	适宜高强度和密度的城市天际线人工环境建设项目	适宜中等强度和密度的城市天际线人工环境建设项目	仅适宜低开发密度和强度的城市天际线人工环境建设项目	不适宜城市天际线人工环境建设项目，定位为景观生态廊道
评价分值	5	3	1	0
备注	距视线廊道距离标准根据城市的具体的视域、景观尺寸确定			

　　依据距景观廊道中轴线距离等级划分标准，在ARCGIS10.0平台上利用各景观节点和观赏节点的坐标位置，定位景观视廊，参照各级廊道的宽度距离标准，确定由中轴线扩展形成的缓冲区，定位用地适宜性不同的四类区域：视廊核心区、视廊区、视廊外缘区、非视廊区，绘制用地与视廊距离关系等级分布图（见图5-2），根据结果进行因素评价。

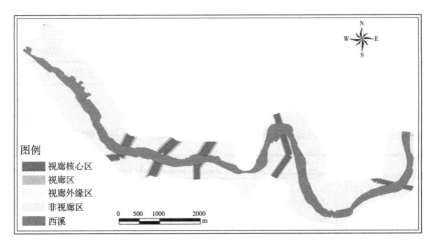

图5-2　用地与视廊距离关系等级分布图

（1）以ARCGIS面积计算工具统计用地与视廊距离关系类型面积，如表5-7所示。其中视廊核心区与视廊区，面积共96.74ha，占用地面积的10.64%。城市景观廊道具备一定规模，一方面体现城市景观廊道利用潜力较大，另一方面体现天际线建设用地局部面临景观廊道影响显著。视廊核心区与视廊区是观赏城市天际线景观的集中区域，通畅的视廊条件是保证城市天际线景观功能实现的基本条件，因此对于处于视廊核心区、视廊区内的用地，作为人工建构筑物建设的适宜性低，应依照适宜类型严格限制用地建设以避免建设对天际线视觉景观系统的破坏。

（2）非视廊区和视廊外缘区面积合计812.26ha，占可用地总面积的89.36%，扣除未纳入统计的较低等级的景观视廊面积，仍是滨江区域用地的最主要部分，表明滨江区域作为城市景观视域的核心地区，多数用地的建设与天际线景观廊道的保护不存在矛盾，区域仍有充足的用地作为天际线人工环境建设用地。

表5-7 用地与视廊关系分区类型面积统计表

用地与视廊关系分区类型	非视廊区	视廊外缘区	视廊区	视廊核心区
用地适宜性	适宜	较适宜	基本不适宜	不适宜
面积／ha	779.93	32.33	28.39	68.35
占比／%	85.80	3.56	3.12	7.52

（3）根据分布类型图分析天际线景观视廊的分布规律（见图5-2），景观视廊在滨江区域中段分布相对集中，原因是中段区域附近是城市人口的密集区，区域内公共开放空间和城市视觉界面建设相对完善（如武荣公园、防洪堤景观工程等），集中了城市3处A级观赏节点，是城市天际线视觉感受的集中区域。集中分布的视廊区对城市景观规划和建设提出更高要求，应在用地建设中重点保障景观视廊的连续、通畅，限制用地建设强度。

（4）类型分布图显示滨江东段区域景观廊道分布相对零散，评价中的视廊定位主要依据对该区域景观视觉资源的分析和区域基础设施规划。由于滨江东段公共开放空间和视觉界面建设相对滞后，城市人工环境建设量相对较小，景观视觉系统建设的潜力大，在城市东拓发展的进程中，实施绿色天际线规划方案，是提高该区域城市景观生态环境建设质量的重要手段。

5.4.2 地形坡度因素的用地适宜性评价

5.4.2.1 评价过程

研究区南安市属丘陵和多山城市，用地坡度等级依据山地城市坡度规范，划分为0~8%、8%~20%、20%~25%、25%以上四个等级，并以用度坡度大小确定用地坡度适宜性类型，如表5-8所示。其中，坡度0~8%用地为适宜用地，坡度8%~20%用地为较适宜用地，坡度20%~25%用地为基本不适宜用地，坡度超过25%用地为不适宜用地。完成用地适宜性等级类型划分后，以研究区用地为对象，确定用地的坡度适宜性水平及分布，并评价研究区的坡度景观生态因素。

表5-8　山区城市用地坡度等级评价及初始赋值

属性　　类型	适宜	较适宜	基本不适宜	不适宜
地形坡度/%	0~8	8~20	20~25	>25
用地要素条件特征	地表垂直变化小，坡度平缓	地表垂直变化明显，坡度较大	地表垂直变化大，坡度大	地表垂直变化剧烈，坡度超限
用地适宜建设类型	适宜所有用地建设项目	引导规划居住、公用设施、工业、仓储等用地建设	保护性规划少数居住、公用设施用地项目	不适宜开展用地建设
初始赋值	5	3	1	0
备注	平原及其他用地条件较好的城市坡度等级数值相应调减			

在进行用地地形坡度分布评价前，以1:5000大比例尺市区用地CAD地形图（含高程点和等高线）作为数据源，输入ARCGIS平台利用spacial analysis等模块生成市区高程图（见图5-3）和坡度图，成图后利用栅格计算器裁剪重生成研究区范围的坡度分布图（见图5-4）。

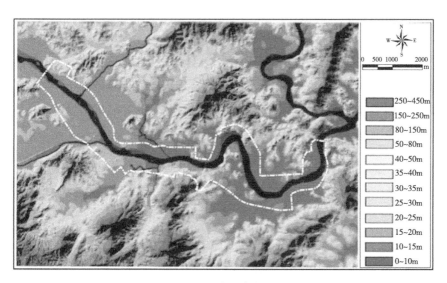

图5-3 市区高程图

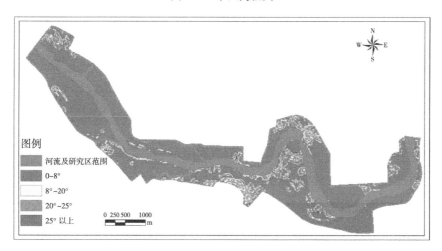

图5-4 研究区地形坡度等级分布图

5.4.2.2 评价结果

结合南安市区高程图和研究区地表坡度等级分布图，进行滨江区地形坡度评价。

（1）市区海拔高度呈中低周高局势，海拔高度在0~450m之间，河谷和丘陵发育典型，低地和丘陵、山体穿插分布，西溪和南北面丘陵、山体形成城市的总体地貌框架。

（2）根据坡度等级分布图，确定分类栅格属性字段范围及分类栅格数，统计各类坡度用地面积，统计表5-9显示，山区城市用地坡度适宜及较适宜类型面积共808.25ha，占研究区面积的65.94%，扣除河流面积后占总用地面积的86.54%，表明滨江区域天际线总体用地的坡度适宜性水平高。

表5-9 坡度等级面积统计

坡度类型汇总项/%	0~8	8~20	20~25	>25	河流面积
坡度适宜性	适宜	较适宜	基本不适宜	不适宜	-
面积/公顷	734.36	73.89	91.70	29.05	296.60
占比/%	59.91	6.03	7.48	2.37	24.20

（3）滨江地区属典型冲击河谷地貌，大部分用地海拔在10~35m之间，坡度主要集中在0~8%之间，总体地势平坦，区内坡度大于20%的用地主要分布于中段局部区域，由周围山体延伸进入片区形成，较显著的有北面凤凰山延伸进入美林街道庄顶社区，形成西溪北面坡度较陡用地。局部坡度较大的丘陵和低山有利于丰富天际线的自然景观要素，提升城市天际线景观的多样性特征。

5.4.3 地形风区因素的用地适宜性评价

5.4.3.1 研究区常年风向分析

南安市位于南亚热带东南季风区，属亚热带海洋性季风气候，常年盛行风向由冬半年的偏北风和夏半年的东南风交替控制。研究区位丁南安市区中部，是河谷型城区的核心部位，西溪河谷南面有南山、北山、大帽山等密集风屏，山体绵延横亘造成风道狭窄，对南向气流起到明显的阻隔作用。北面主要为凤凰山及其支脉，地形相较开阔，与西溪南面城区相比具备更好的风道条件。研究区滨临西溪干流，西溪总体流向呈西北—东南向注入泉州湾，河流流向基本与常年盛行风向平行，西溪成为南安市区接入东向海洋气流的开阔天然风道。

南安市区常年气象监测数据进一步验证地貌条件对风向影响分析：南安市气象监测市区本站❶常年观测显示，南安市区冬半年盛行东北偏东风，夏半年盛行西南偏南风，风玫瑰图显示常年风频最大风向为偏东，2011年主导风向偏东风，2012年主导风向偏东风和西北偏北风（见图5-5）。

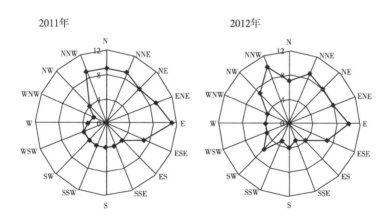

图5-5　2011~2012年南安市区本站风向玫瑰图

5.4.3.2　评价过程

根据本书第二章天际线与环境的关系研究，地形风影响城市建筑物的布局和高度，以各类地形风对城市建筑的影响作用研究为基础，按地

---

❶观测站位于南安市溪美街道，N24°58′，E118°22′，海拔高度44.9m。

形风类型，划分四类用地适宜性，其中背风坡区、涡风区为不适宜用地，高压风区为基本不适宜用地、顺风坡区为较适宜用地，迎风坡区和水平气流区为适宜用地。之后对各类适宜性用地确定其用地适宜建设类型及规模、评价分值，如表5-10所示。

表5-10　丘陵和山地城市用地地形风类型区因子等级评价及初始赋值

类型 属性	适宜	较适宜	基本不适宜	不适宜
风区类型	迎风坡区	顺风坡区	高压风区	背风区、涡风区
用地因子 条件特征	气流条件好， 水汽循环活跃	气流条件好， 但局地风压较大	地形风风压 大，坡度大	地表垂直变化 剧烈，坡度超限
用地适宜 建设类型及 规模	适宜所有用地 建设项目	引导规划居 住、公用设 施、工业、仓 储等用地建设	保护性规划少 数居住、公用设 施用地项目	不适宜开展用 地建设
评价分值	5	3	1	0

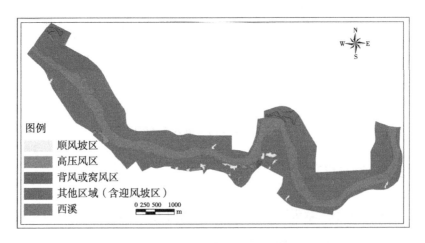

图5-6　滨江区域用地的地形风类型分布图

根据常年风向监测数据及关键点现场风速测定采样结果，确定研究区常年主导风向，结合1∶5000地形图分析区域地形条件，对研究区地形风区进行划分，识别主要地形风区的空间分布，并在ARCGIS10.0平台上进行矢量化处理，绘制滨江区域用地地形风类型分布图（见图5-6），依据用地的因素条件水平及分布特征进行评价。

5.4.3.3 评价结果

（1）研究区大部分用地处于西溪干流区域性风道内，地势相对平坦，总体气流条件好，风区类型以迎风坡区、顺风坡区和水平气流区为主，天际线用地的景观生态适宜性高。

（2）在滨江区域的西北段、中段局部因山体延伸进入片区形成风屏，影响气流流动，形成涡风区，中段局部区域在主导风向的顺风坡位置海拔下降明显，地形坡度较陡，形成小范围高压风区，但因滨江区域内山体海拔高度有限（最高海拔位于西溪南面的吕厝山附近约110m），背风坡区条件有限。

（3）天际线垂直高度景观依赖于高层和超高层建筑的建设，高层建筑受气流特别是地形风的影响显著，从提高景观生态适宜性角度出发，在天际线用地建设过程中合理避开局部涡风区和高压风区，有利于提高天际线环境协调性。

5.4.4 离岸距离因素的用地适宜性评价

5.4.4.1 评价过程

水环境是城市风貌的重要形式，沿河（江）区域是城市景观展示的重要界面，为城市天际线创造视域条件，离岸距离关系用地建设的景观生态条件。根据用地离岸距离因素与天际线的关系，结合研究区水文条件，按离岸距离类型将用地适宜性划分四类，确定各类适宜性用地的适宜建设类型、评价分值，如表5-11所示。

表5-11 离岸等级评价及初始赋值

类型 属性	适宜	较适宜	基本不适宜	不适宜
离岸距离	100~200m	>200m	50~100m	<50m
用地因素条件特征	离岸距离合理，滨江水文条件好，且滨江景观质量高	离岸距离大，对水体景观生态压力小，但景观质量一般	离岸近，人工环境建设对水体生态压力及景观压迫明显	基本处于沿江湿地带或行洪区，属河流内部生态空间
用地适宜建设类型	适宜作为居住、商业、公共服务与公共管理等景观生态要求高的用地建设	可作为居住、商业公用设施、工业、仓储等各类用地建设	作为绿地或选择性作为少数低建设强度的公用设施用地	禁止建设人工建构筑物，只适宜保留作为沿河生态绿地
评价分值	5	3	1	0
备注	离岸等级距离需根据河流等级进行相应调整，以适应河流生态完整性目标			

根据地理缓冲分析获得的离岸距离等级分布如图5-7所示。利用ARCGIS的面积计算工具，生成面状要素的面积字段，统计各类离岸等级用地面积（见表5-12），结合因素等级类型、因地条件特征和用地适宜建设类型进行评价。

表5-12　离岸距离类型面积统计表

离岸距离类型	100～200m	>200m	50～100m	<50m	河流面积
用地适宜性	适宜	较适宜	基本不适宜	不适宜	-
面积／ha	252.64	384.55	136.54	155.27	296.60
占比／%	20.61	31.38	11.14	12.67	24.20

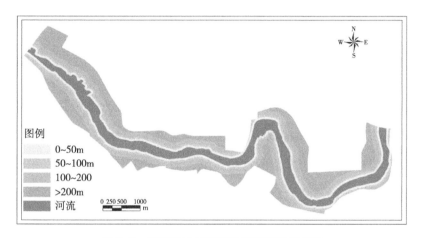

图5-7　滨江区域用地离岸距离等级分布图

5.4.4.2　评价结果

（1）离岸条件为适宜和较适宜的两类用地面积共637.19ha，占研究区面积51.99%，扣除河流面积后占总用地面积的68.59%，表明滨江区天际线建设用地的离岸水文景观生态条件总体水平较好，天际线建设所需各类用地充足。

（2）离岸距离在100m以内的用地仍有291.81ha，占可用地总面积的23.81%，滨江区域用地的近水特征显著，同时也表明滨江区域天际线用地建设面临的水文环境保护压力大，需在天际线规划中按离岸距离用地适宜性等级控制天际线人工环境建设，对于不适宜类型的用地采取严格保育策略，禁止作为人工环境设施建设用地、保障西溪自然生态空间。基本不适宜类型用地管控的重点是引导用地作为绿地建设，或选择性作为少数低建设强度的公用设施用地。

5.4.5 距地震断裂带距离因素的用地适宜性评价

5.4.5.1 评价的依据及等级分类方案

城市是地震设防的关键区域，沿地表破裂带或形变带是人工环境受地震灾害及次生灾害威胁最明显区域。根据对地震活动现场观测，地震断层是地震灾害发生的密集区域，而一般断层区域由于岩相破碎失稳，同震错动产生地震地表破坏也高于其他区域，地震断层带及其对地表人工环境设施的震害损毁通过抗震烈度设防措施进行防阻的难度大，在用地建设选址时一般采取避让断层带的措施，以控制地震灾害风险。

《建筑抗震设计规范》（GB 50011—2001）要求选择建筑场地时应根据工程需要掌握地震活动情况，分析工程地质和地震地质的有关资料，对防震和抗震面临的危险区域、有利或不利区域作出综合评估。徐锡伟、于贵华、马文涛等人结合地面建筑设施毁坏带与活断层密切的空间位置关系，采用地震活动地表破裂带宽度统计分析方法、跨断层地质探槽剖面分析法，确定地震断层"避让带"宽度为30m。由于地震断层的判定复杂性和断层线精准位置难以定位问题，且断层带本身的宽度变化幅度大，根据用地与断层的空间距离关系，本研究尝试将天际线用地的断层避让及防护距离等级划分为0~15m、15~30m、30~100m，以及>100m四个等级，对应四类天际线用地适宜性等级，如表5-13所示。

表5-13　距断层地震带距离等级评价及初始赋值

	适宜	较适宜	基本不适宜	不适宜
离岸距离	>100m	30 ~ 100m	15 ~ 30m	0 ~ 15m
用地因素条件特征	距离断层带充足，与区域其他正常用地相同等级设防	距地震断层避让距离适量，接近同地区正常用地条件	离断层地震避让带近，同震错动成灾风险较大	处于断层地震避让带内，地震震害风险最大
用地适宜建设类型	适合各类用地建设，相比其他等级用地具备更高建设强度承受度	适合各种用地建设项目，仅需控制超高建设强度用地项目	适合低强度建设用地项目，或适当提高抗震设防标准	不宜建设人工建构筑物，只适宜保留作为防护生态用地
评价分值	5	3	1	0
备注	由于断层带宽度变化幅度大，等级距离需根据地震带实际宽度进行调整			

5.4.5.2　评价过程

评价空间信息处理过程及评价结果：参照区域地质图等地质资料和现场断层破碎带调查，分析断层线宽度，在研究区范围图上叠加含校正后坐标的断层线，绘制研究区断裂带位置图（见图5-8），并依据天际线用地的断层避让及防护距离等级，在ARCGIS10.0平台上确定各级断层线避让和防护距离缓冲区，得到含四级避让和防护等级的用地距地震断层距离等级分布图（见图5-9）。

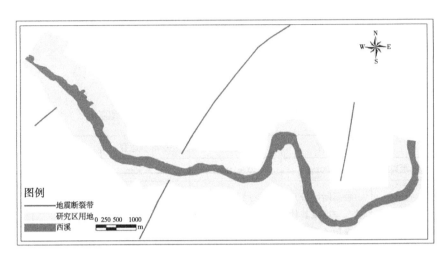

图5-8 南安市滨江地区地震断裂带位置图

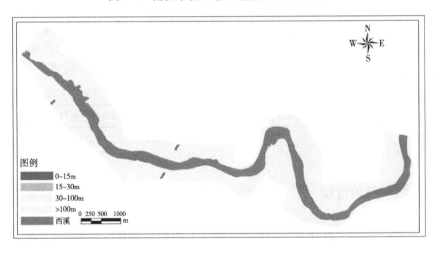

图5-9 滨江地区距地震断裂带距离等级分布图

5.4.5.3 评价结果

（1）地震断裂带位置图显示，滨江地区周边存在四条断裂带，总体为北东走向，断裂带延伸进入滨江地区范围较小，但南安市地处中国东南沿海地震亚区中地震活动水平最高的地震带——泉州-汕头地震带，大地构造分区属加里东褶皱带，沿北东—北东东向断裂发生过一些中强地震。该地震带公元1067年起共记录到1次8级地震，2次7~7.3级地震，6次6~6.9级地震，城市人工环境特别是高密度天际线建设存在一定震灾风险，需强化对用地和工程的地质地震条件评估，在工程建设中按规范进行地震设防。

（2）根据滨江地区地震断裂带等级分布图，滨江区域的局部少数用地处于地震断裂带范围内，震害风险大，在进行片区天际线规划和建设时，其用地及相邻区域需按距地震带距离等级进行避让和防护，降低地震震害风险，确保天际线的景观生态安全。其他区域无明显地震断裂带穿越，相对适宜作为城市建构筑物建设用地，用地建设依照国家规范进行防震设计，按已确定的抗震设烈度7度进行设防。

5.4.6　植被覆盖质量因素的用地适宜性评价

5.4.6.1　分类评价依据及分类方案

一般建设用地适宜性评价中，仅以植被的覆盖度作为标准，将用地植被覆盖条件类型划分为高覆盖、中覆盖、低覆盖和无覆盖四类，在植被覆盖质量评价时未考虑各种植被类型间的景观生态价值差异，获得的结果仅体现地表的植被覆盖水平，影响评价的实际效用。基于遥感影像分析的植被质量评价通常以区域遥感图像为分析源，测度植被的覆盖度或归一化的植被指数，在评价信息处理的效率和定量化方面具备优势。

城市用地河谷型丘陵山地城市景观生态系统中，湿地植被和山体植被是植被生态功能实现的主导类型，决定城市生态环境质量并影响城市景观。将山体植被和湿地植被条件纳入植被覆盖质量等级评价，区别性评价城市多样性的植被覆盖类型，利于提高评估结果的适用性。本研究采取优化后的植被覆盖度分等方法，综合山体植被、湿地植被等城市的特征植被类型水平，确定植被地表覆盖度和覆盖类型等级，评价植被质量并进行用地适宜性分析，如表5-14所示。在植被覆盖评价质量等级划分中采用差异化的分等标准，既有利于对天际线规划中的自然植被要素的保护，也避免因统一标准的执行降低天际线用地的总体适宜性。

表5-14 距断层地震带距离等级评价及初始赋值

	适宜	较适宜	基本不适宜	不适宜
植被覆盖水平类型（覆盖度VC）	裸地及其他	纳入城市规划建设用地的现状耕地、VC<30%的山体植被和湿地植被、VC<40%其他绿地	40%≤VC<60%、30%≤VC<40%的山体植被和湿地植被	VC≥60%植被或40%<VC<60%的山体植被和湿地植被
用地因素条件特征	无植被覆盖或破碎化植被覆盖，无显著景观价值	植被覆盖和景观价值水平均为一般	植被覆盖度高，景观生态质量高，具备较高的景观价值	城市特征景观生态资源，具备最高的生态功能和景观价值
适宜用地建设项目类型	适宜多数城市天际线人工环境建设项目	适宜作为居住、商业、公共服务和公共设施等用地项目	不作为经营性项目建设用地，局部改造作为公共绿地	不适宜，保留作为城市的湿地、森林
评价分值	5	3	1	0
备注	差异性植被覆盖度指标根据城市的主导生态植被覆盖形式具体确定			

5.4.6.2 评价过程

评价以 ARCGIS 进行区域影像重分类，结合监督分类确定植被类型及分布，通过对像元的栅格面积统计测算植被地表覆盖度，获取按四类等级划分的用地植被覆盖类型信息，包括植被覆盖类型规模、空间分布信息，在此基础上评价研究区植被覆盖质量。因评价的目标是考查天际线的用地适宜性，在评价的过程中重点考虑尺寸大于30m×30m 的植被覆盖用地对城市建设条件的影响，以避免局部破碎化的植被斑块对景观生态评价的干扰，更直观显示各级植被覆盖区分布情况。完成分类信息采集处理后，对栅格分类信息进行矢量化，得到滨江地区植被覆盖质量等级分布图（见图5-10），并评价因素的水平及分布特征。

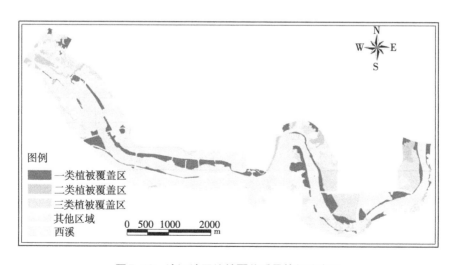

图例
■ 一类植被覆盖区
▨ 二类植被覆盖区
□ 三类植被覆盖区
　其他区域
　西溪

0　500 1000　　2000
　　　　　　　　 m

图5-10 滨江地区植被覆盖质量等级分布图

5.4.6.3 评价结果

（1）获取分区信息后，在 ARCGIS 属性表中统计各分类面积，得到各类植被覆盖的分区统计面积，如表 5-15 所示。忽略 30m×30m 以下的植被覆盖区，天际线人工建构筑物的用地适宜性为不适宜和基本不适宜的一、二类植被覆盖区，面积共 192.52ha，占用地面积的 20.73%，表明滨江区域天际线建设用地的植被覆盖质量总体水平较好，一、二类植被覆盖区作为天际线景观自然要素资源条件好，但作为人工建构筑物用地建设的适宜性低，需依照适宜类型限制以避免建设对城市景观生态系统的破坏。

表 5-15 植被覆盖质量类型统计面积

		裸地及其他	三类植被覆盖区	二类植被覆盖区	一类植被覆盖区
建设适宜性		适宜	较适宜	基本不适宜	不适宜
面积／ha		其他类型中包含30m×30m以下植被覆盖，不宜单独统计	152.62	41.78	150.74
占比／%			16.43	4.50	16.23
ARCGIS10.0 对各类植被覆盖面积统计值／ha	最小值		0.09	0.25	0.17
	最大值		32.5	10.91	16.30
	平均值		3.07	2.32	3.51
	标准差		6.06	2.89	3.47

（2）三类植被覆盖区面积 152.62ha，占可用地总面积的 16.43%，在前三类植被覆盖类型中面积最大，考虑叠加 30m×30m 以下未统计的同类区域及其他适宜性用地区域面积后数值将进一步增加，表明滨江地区作

为城市生态敏感区域，从植被覆盖用地开发角度仍有充足的建设用地作为天际线人工环境建设用地。

（3）三类植被覆盖区中面积最大值为32.5ha，最小值0.09ha，变差系数6.06是分类统计的最大值，原因是三类植被覆盖区以耕地为主，受人为干扰大。一类植被覆盖区平均面积3.51ha，土地空间连续性最高，作为城市景观资源优势明显。

（4）根据图5-10分析植被覆盖质量类型分布规律：滨江区域西溪北岸植被覆盖整体质量优于南岸，原因是北岸用地总体处于规划城市新区，人为干扰较少，且北岸滨江湿地在片区开发过程中进行了沿江生态整治，形成大面积一类植被覆盖区。南岸地区由于开发时间长，植被分布较为破碎，影响植被覆盖质量。城东新区一、二类植被覆盖面积大、分布集中进一步说明在环境目标支撑不足情况下实施城市规划，建设城市人工建构筑物将对城市自然景观生态的产生消极影响。

（5）类型分布图显示滨江区域西溪沿江的植被覆盖存在显著的空间不均衡问题，东段沿岸植被覆盖水平最高，中段南岸和西段南岸植被覆盖水平最低，显示西溪景观生态保护空间不均衡，造成西溪在南北岸，城区上下游所受生态压力空间失衡。因此，在加强天际线用地建设过程中，需重点提高对沿江植被薄弱带的生态恢复，提高沿江植被覆盖。

5.5 天际线用地景观生态适宜性综合评价

天际线用地景观生态综合评价与单因素景观生态因子评价相比，能够综合反映天际线用地的景观生态条件水平，确定用地作为天际线人工建构筑物开发用地的景观生态适宜性。综合评价以各类因素单因子评价的指标得分为基础，以指标相应的权重加权获得综合评价分值，据此确定天际线用地的景观生态适宜性。

5.5.1 综合评价指标和赋值

以研究区内单因素评价的6项景观生态指标作为综合评价的依据，依据指标等级赋值和指标权重（见表5-16），利用ARCGIS10.0的栅格分析和计算工具，对单因素评价结果进行权重叠加处理，确定用地景观生态适宜性的综合评价分值。

5.5.2 用地单元的划分方法

用地评价单元是用地属性在特定范围内保持相对均匀的地块，是划分和评价用地的基本空间单元。用地单元在景观生态规划和评价工作中具备双重作用。既是反映自身景观生态条件的最小单元，也是研究中取样、调查、获取数据的工作单元。因此，划分用地单元是在综合考虑用地各类景观生态条件、研究的数据基础和研究目标后，按一定的精度要求要求进行。

表5-16　综合评价的指标分级及赋值

用地适宜性评价指标	适宜	较适宜	基本不适宜	不适宜	指标等级赋值	指标权重
D1、D2、D3代表距一、二、三级景观廊道轴线的距离/m	D1>200 D2>150 D3>100	150<D1≤200 100<D2≤150 70<D3≤100	100<D1≤150 70<D2≤100 50<D3≤70	D1≤100 D2≤70 D3≤50	5 3 1 0	0.22
地形坡度/%	<8	8~20	20~30	>30	5 3 1 0	0.15
地形风	迎风坡区	顺风坡区	高压风区	背风区、涡风区	5 4 1 0	0.11
距地震断裂带距离/m	>200	>100	50<<100	<50	5 3 1 0	0.12
离岸距离/m	300~800	800~2500	>2500	<300	5 3 1 0	0.23

用地适宜性评价指标	适宜	较适宜	基本不适宜	不适宜	指标等级赋值	指标权重
植被覆盖质量（覆盖度VC）	纳入城市规划建设用地的现状耕地及VC<30%的山体植被和湿地植被、VC<40%的其他绿地	40%≤VC<60%、30%≤VC<40%的山体植被和湿地植被	VC≥60%的植被、40%<VC<60%的山体植被和湿地植被	纳入城市规划建设用地的现状耕地及VC<30%的山体植被和湿地植被、VC<40%的其他绿地	5 3 1 0	0.17

各类用地评价中单元的划分标准，有根据用地自然、社会属性、形体尺寸等多种标准，划分方法不同，获取的单元大小和等级不同，单元所包含的信息及所反映的因素差异显著。单元划分方法、标准的选择，直接关系评价的精确性和操作的可行性。地块法、格网法、叠置图斑法是现行三种基本划分方法。

5.5.2.1 叠置图斑法

就是将同比例尺的相关图件进行叠加，形成封闭图斑，并对小于图上面积的图斑进行合并，即得评价单元。该方法主要有以下两种形式。一种是基本图件叠加。依据评价单元的划分原则和要求，选择地形、植被覆盖、土壤类型和行政边界等基本图件进行叠加，按叠加后所形成的图斑，作为评价单元，如图5-11所示。在计算机处理时采用矢量叠加的方式实现，即利用地理信息系统软件，对图形要素图层进行叠加，经拓扑生成若干图斑，作为评价单元。该方法要求所选用的基本图件为都能转换到同一比例尺，单元范围的界线和主要参照物能很好地吻合，分等区域的土壤类型和土地利用类型不能太单　。另一种是因素分值图叠加。利用各因素分值图，再加上行政界线和分等范围，直接进行图形叠加和加权求和计算，在生成碎斑单元的同时计算因素的总分值。

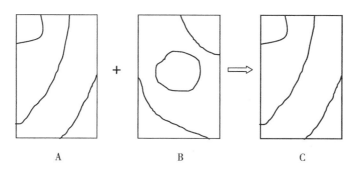

A　　　　　　　B　　　　　　　C

图5-11　叠加过程示意

采用叠置法进行评价单元的划分，比较客观也比较科学，对于用地的生态环境效益评价比较合理，但其要求的图件精度和准确度都比较高且数目众多，在现实图件中能达到要求符合条件的并不多。

5.5.2.2　地块法

以底图上明显的地物界线或权属界线，将用地功能相对均一的地块，划成封闭单元，即为最终的评价单元。其操作的关键是底图的选择和对评价区域实际情况的了解。这种方法目前应用较广，因其操作相对简单，获取评价单元指标数据比较容易，常见的划分方法有交通基础设施分隔地块、行政区划界线分隔地块等具体方法。地块法客观依据不足，主观性强，评价的精度取决于评价者掌握的调查资料的准确性、对评价区域实际情况的了解程度和工作经验程度，对于景观生态因素评价客观性不足。

5.5.2.3 格网法

其原理是选用一定大小的格网，构成覆盖分等范围的用地单元体系，格网大小结合评价指标的分等步距和评价目标要求。根据确定的尺寸对区域进行格网划分形成评价单元。该方法的关键是如何得知地块的不同特性，进而确定格网大小以及格网内指标数据的采集与分解。这种方法在计算机辅助处理条件下，格网可取得较小，评价精度能满足要求且比较客观，且可通过格网属性字段赋值进行评价，运用地理信息系统工具快速进行区域用地评价。

5.5.3 综合评价用地单元划分及数据处理

对于用地的景观生态评价，基于格网划分的用地单元评价结果能够作为城市用地规划的直接依据，根据格网单元合并、结合城市综合交通布局，可直接生成用地规划方案。因此，本书采用格网法进行评价用地划分，采用格网划分方法确定用地综合评价单元，利用 ARCGIS 格网创建功能 Create Fishinet 建立覆盖研究区范围格网，创建过程如图 5-12 所示，以天际线建设用地格网作为景观生态评价单元。

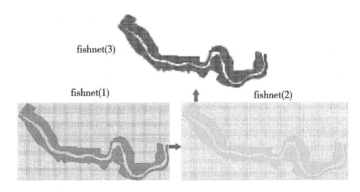

图5-12 格网创建示意

　　格网单元的大小代表评价的最小单位，直接影响评价因子分值计算精度，并最终影响评价天际线建设用地景观生态评价的精度。格网单元越小，单元评价分值计算的精度及最终的景观生态评价精度越高，但因格网数量增加，分值计算工作量呈指数增加，数据处理和图像分析趋于复杂。格网单元越大，研究区划分格网越少，分值计算工作量相应下降，数据和图像处理压力减小，但可能因评价划分过于粗略，造成景观生态评价的精度受到局限，影响评价方案的效用。因此，确立合理的评价格网单元大小值，需兼顾评价精度和数据处理效率。研究参照各类因素的等级划分标准，结合城市用地规划的需求，将格网尺寸确定为80m×80m，以此为最小单元评价天际线用地的景观生态适宜性。

　　对天际线建设用地的景观生态影响因子进行加权叠合，形成基于格网单元评价的用地综合适宜性分布图（见图5-13），获取用地的综合适宜性信息，作为后续天际线用地建设规划控制的依据，以判断用地作为天际线人工环境建设的景观生态适宜性。综合评价获得的用地适宜性含义包含两方面信息：①作为天际线人工环境建设用地是否可行；②适宜何种程度人工环境建设强度。

　　根据综合评价结果进行格网面积统计，获得综合评价的各类适宜性用地的统计信息（见表5-17），综合类型面积统计和用地适宜性分布图，对研究区天际线用地的综合景观生态适宜性进行评价。

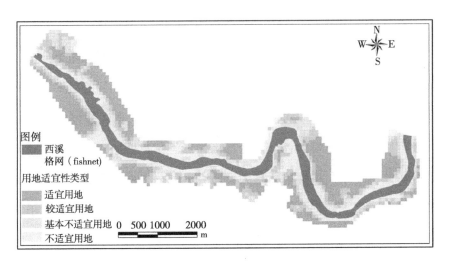

图5-13 基于格网单元评价的用地综合适宜性分布图

表5-17 综合评价用地适宜性统计信息

综合评价用地适宜性类型	适宜	较适宜	基本不适宜	不适宜
用地适宜性	适宜	较适宜	基本不适宜	不适宜
格网数量	659	298	339	618
格网尺寸	80m×80m			
统计格网面积 / ha	421.76	190.84	216.96	395.52
占比 / %	34.43	15.59	17.71	32.27

5.5.4 评价结果

（1）以格网数量、尺寸统计不适宜用地与基本不适宜用地，面积共612.48ha，占格网总面积的49.98%（见表5-17），表明滨江景观生态敏感区域较大，对天际线用地建设限制性显著，符合城市滨江用地景观生态的一般特征。滨江区域作为城市天际线意象展示的核心区域，天际线建构筑物要素建设能够有效强化天际线景观体量和形态特征，但人工要素建设受用地景观生态敏感性较高的限制，用地开发应建立在天际线景观生态规划基础上，依据用地适宜性类型和因素评价确定的适宜建设项目类型，对建设方案进行充分论证，避免天际线人工建构筑物建设对滨江景观生态系统的破坏。

（2）格网统计的适宜用地和较适宜用地面积合计612.60ha，占可用地总面积的50.02%，表明滨江区域作为城市景观生态系统的核心地区，用地的建设与天际线景观生态的保护不存在根本矛盾，区域仍有充足的用地作为天际线人工环境建设用地。该部分用地是建构筑物适宜建设的适宜区域，对高强度的建构筑物天际线提供用地支撑，是城市天际线人工要素改造、建设的重点区域。合理进行建设强度控制、塑造天际线形体、展示城市建构筑物天际线景观特色是该区域用地开发的基本策略。

（3）根据用地适宜性分布类型图分析用地景观生态适宜性的分布规律，不适宜用地与基本不适宜用地存在显著的空间集聚，大体呈带状连续分布，主要集中于沿江离岸100m范围内、景观视廊区、区域内山体和高质量植被覆盖区等区域，反映要素的加权叠合信息，是各景观生态影响因子综合作用的结果。适宜用地和较适宜用地被以西溪为中心的其他两类用地所分隔，呈现组团式分布特征，分布于离岸距离>100m、景观视廊两侧、山体和高等级植被覆盖区周围，适宜进行组团用地开发。

（4）适宜用地、较适宜用地沿西溪流向存在显著空间分布不均衡，在西段和东段分布较集中，主要原因是滨江区域中段集中城市多个A级景观视廊，且研究区在划定时中段部分区域离岸腹地较小，对天际线用地限制作用明显。滨江区域东段和西段因属城郊，农地分布面积较大，作为已纳入城市规划建设用地的农地，进行人工建构筑物建设具备较高适宜性。

5.6 本章小结

　　用地的景观生态适宜性评价是进行天际线高度控制区划的基本依据。本章从评价依据、评价层次和内容、评价原则等方面设计用地景观生态适宜性评价总体框架，识别城市天际线的主要环境影响因素，在因子识别的基础上建立评价指标体系，对评价指标进行初始等级赋值，分别对视廊和视域、地形坡度、离岸距离、地形风区、距地震断裂带距离、植被覆盖质量等6项指标进行单因素评价，评估因素条件水平并建立基于单因素评价的用地适宜性区划方案，评价因素影响及空间分布特征。完成单因素指标评价后，结合指标得分和权重赋值，基于ARCGIS格网用地单元划分方案，开展用地的景观生态适宜性综合评价，评估天际线建设用地的整体适宜性，并建立基于格网的用地景观生态适宜性综合区划方案。

第6章 天际线的分形特征量化与评价

6.1 分形理论与分形维数测度方法

6.1.1 分形的基本定义

Benoit B. Mandelbrot 在 1967 年研究英国海岸线长度时首先提出"分形"（fractal），并在其 1975 年出版的分形研究专著 *Fractal：Form，Chance，and Dimension* 中正式阐述了分形概念。目前从不同学科角度对分形的定义众多，各领域对分形相对一致的定义是：分形是对没有特征长度（即总体没有特定的尺度规模标准），但具备特定的自相似图形和结构的总称。

Edgar 于 1990 年此外分形还可以用集合的定义去描述：分形集合是相对于经典集合（欧氏几何集合）考虑的更不规则的集合。这个集合无论被放大多少倍，细节与集合整体均存在特定的关联。设分形集合为

A，具有下述典型的性质：

（1）A具备精细的结构，即可细分出任意小比例的细节。

（2）A具备不规则的结构，以致其局部与整体都不能用经典集合（欧氏几何）语言进行描述。

（3）A具备某种自相似的形式，这种自相似是近似的或是统计的，但不是规则的对称和绝对的均衡。

（4）A的"分形维数"，以特定定量方式描述，一般大于它的拓扑维数，"分形维数"可以被定义，以此部分解释事物的分形特征。

Koch 曲线和 Koch 雪花是用来形象揭示分形特征的常用标志物。如图 6-1 所示，在 Koch 几何分形体中，Koch 曲线具体的分形构造规则：某一单位长度的线段三等分后，将中间 1／3 长度线段拉伸变形成为交角为 60°的线段，使中间 1／3 段向上凸出，形成等边三角形的两边；之后再对新生成的图形中的共 4 条线段（含拉伸形成的等边三角形两边的两条线段）重复上述过程，以致无穷，形成 Koch 曲线。如果将这一迭代变换的规划应用到等边三角形的三个边上，重复若干次后就形成雪花状的图形，称为 Koch 雪花。Koch 几何分形代表的是与"规则分形"相对的"随机分形"，其自相似性是近似的，或是统计意义上成立的。

分形原理为量化描述和分析复杂形体开辟了崭新的视野，因此，近些年被广泛应用于机械工程、地震学、建筑学甚至是景观设计等学科或领域，创造出众多卓有成效的研究成果。

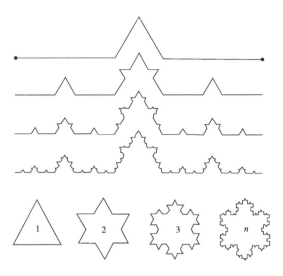

图6-1 Koch曲线和Koch雪花

6.1.2 分形维数及算法

对于非经典几何形体（非整数维）的分形体的形状描述一般以分形维数为基本度量。维数是描述图形占据空间的规模和整体复杂性的量度，是图形最基本空间属性量。分形维数是描述分形特征，度量不规则性的一个定量指标。设一个几何对象的线度 L 放大 a 倍，若其本身的体积为原来的 b 倍，而 $b=a^D$，则称数 D 为该几何对象的分维数，且：

$$D=\frac{\ln b}{\ln a}$$

分形包括规则分形和无规则分形两种。规则分形是指可以由简单的迭代或者是按一定规律所生成的分形，如Koch曲线、Cantor集、Sierpinski海绵等。这些分形图形具有严格的自相似性。无规则分形是指不光滑的，随机生成的分形，自然界和人工环境中存在更多的无规则分形，如海岸线、山脊线、河流形状、建筑和城市空间形态等。这类曲线的自相似性是近似的或统计意义上的，这种自相似性只存于标度不变区域。

对于规则分形，其自相似性、标度不变性理论上是无限的，可以在观测尺度无限小的情况下细分出与整体存在自相似性的细部。不管如何缩小（或放大）尺度（标度）去观察图形，其组成部分和原来的图形完全一致，即具有无限的放大和缩小的对称性。对于分形的形体，其度量方法可以用缩小测量尺度，或者不断放大图形而得到，通过缩小或放大尺寸后其占据空间的变化对比，确定分形维数 D：

$$D = \ln N(\lambda) / \ln(1 / \lambda)$$

以此计算的 Koch 曲线的分数维 $D = \ln 4 / \ln 3 = 1.262$，Cantor 集的分数维 $D = \ln 2 / \ln 3 = 0.631$，Sierpinski 海绵的分数维 $D = \ln 20 / \ln 3 = 2.777$，此类分形均为规则分形。

对于不规则分形，它只具有统计意义下的自相似性。不规则分形种类繁多，它可以是离散的点集、粗糙曲线、多枝权的二维图形、粗糙曲面以至三维的点集和多枝权的三维图形。常用的算法有小岛法、计盒维数法、结构函数法等。

6.1.2.1 小岛法

小岛法基于线形是封闭的情况，如海洋中各种独立的岛屿，可利用其周长——面积关系求分形维数，因此这个方法又被称为小岛法。

对于规则图形的周长与测量单位尺寸 λ 的一次方成正比，而面积 A 则与 λ 的二次方成正比。通常我们可以把它们写成一个简单的比例关系：

$$P \propto A^{1/2}$$

对于二维空间内的不规则分形的周长和面积的关系显然更复杂一

些，Mandelbrot提出，应该用分形周长曲线来代替原来的光滑周长，从而给出了下述关系式：

$$[P(\lambda)]^{1/D} = a_0 \lambda(1-D)/D[A(\lambda)]^{1/2} = a_0 \lambda^{1/D} \lambda^{-1}[A(\lambda)]^{1/2}$$

这里的分维 D 大于1，使 P 的变化减缓，a_0 是和岛的形状有关的常数，λ 是测量尺寸，一般取 λ 为小于1的数值（如取岛的最大直径为1），使因子 λ（$1-D$）／D 随测量尺寸 λ 减小而增大。作 $\log[P$（λ）／$\lambda]$~$\log[A$（λ）$1／2／\lambda]$图，从其中直线部分的斜率的倒数，可以得到分维 D。

这个方法也可以推广到粗糙曲线（表面积–体积法）。

6.1.2.2　计盒维数法

计盒维数法又称为统计盒子维数法，是实用性较高的分形分维数算法。选定分形形体，取边长为 r 的小盒子，把分形曲线覆盖起来。则有些小盒子是空的，有些小盒子覆盖了曲线的一部分。计算覆盖曲线部分的非空盒子，所得的非空盒子数记为 N（r）。然后缩小盒子的尺寸，所得 N（r）自然要增大，当 r→0时，得到分形维数 D：

$$D = -\lim_{r \to 0} \frac{\log N(r)}{\log r}$$

实际计算中只能取有限的 r，通常的做法与尺码法类似，求一系列 r 和 N（r），然后在双对数坐标中用最小二乘法拟合直线，所得直线的斜率即所求分形维数。该算式也可以表达为：

$$D = \frac{\log N_2(r_2) - \log N_1(r_1)}{\log r_2 - \log r_1}$$

这种计算维数的方法称为计盒维数法，得到的分数维值叫做计盒维数或盒子维数（box-counting dimension）。由于其易于用计算机求得，因此本研究使用这种方法来计算选定区域的分数维。

6.1.2.3 结构函数法

具有分形特征的时间序列能使其采样数据的结构函数满足：

$$S(\tau) = [z(x+\tau) - z(x)^2] = C\tau^{4-2D}$$

式中：$[z(x+\tau) - z(x)]^2$表示差方的算术平均值，τ是数据间隔的任意选择值。

针对若干尺度τ对分形曲线的离散信号计算出相应的$S(\tau)$，然后在对数坐标中得$\log S(\tau) \sim \log \tau$直线的斜率$W$，则分形维数：

$$D = \frac{4-W}{2}$$

分形维数的三种算法中，小岛法适用面较窄，仅适用于封闭的分形形体，难以描述分形形体中未闭合的线形体。结构函数法计算操作较为繁琐，目前在建筑设计、景观规划中多采用基于格网的计盒维数法。

6.2　分形原理与天际线规划的联系

6.2.1　分形在城市规划设计中的作用

随着城市生态系统中人地关系分析的深入，定性规划转向精准规划已逐步成为城市规划和设计发展的基本趋势。天际线以其外在形体展示城市空间景观特色，其形体景观包含局部建筑高度和体量景观，以及建筑布局形成的天际线整体线形。现有城市天际线的线形规划或评价方法以心理学分析和视觉评价方法为主，在量化评价结果、定量天际线线形规划目标方面技术支撑较为薄弱。

分形研究在建构筑物等人工环境设计中的应用体现为：将分形作为优化建筑形式的基本法则提出，利用分形所反映的客观世界普遍存在的自相似规律作为形式设计的方法。建筑设计采用分形法则以体现出自然形式的标准，如局部和整体的连续、关联形成的对称、平衡、和谐等形式，认为建筑形式同样具有无限精细的结构层次（在建筑设计图中实际应用时根据视觉条件只能精细到可视层次），而无论何种尺度的局部都保持着整体的基本形式，局部和整体之间是连续的，以此获得整个建筑空间形体上的和谐和均衡。

从空间形态的角度，城市规划与建筑设计是在不同空间尺度上对城市形态的部署与安排。建筑设计偏向微观尺度城市形态研究，城市规划和设计则侧重在中、宏观尺度上对城市空间形态进行研究，两者区别又在空间形态相互联系，根据分形理论原理，分形设计法则应用于城市规划与设计主要体现在以下两方面：

（1）运用自相似原理在建构筑物细部、建构物筑和建筑组合、节点、区域、城市等各级空间尺度的人工环境之间建立连续和关联。

（2）分别建立城市人工环境形体、自然环境形体与城市生态空间整体之间的连续与关联。

6.2.2　天际线规划中分形原理利用的方向

分形理论和分维数测度方法提供了研究环境中各种形态的可能途径，成为人工产品、人工环境仿生的重要技术方法，在建筑设计和景观规划中逐步得到应用。天际线是城市重要的景观形体，其线形受城市的社会和自然条件综合约束，线形的形成、生长过程符合特定的形态变化规律，如图6-2所示，类似于海岸线、河流、山脊线等自然分形形体，具备细分的结构层次、符合局部与整体的自相似性等分形原理。

建筑
绿地
水域

图6-2　城市天际线自然生长形态

分形的线形特征是天际线规划中运用分形原理定量分析和评价天际线的前提，分形原理在基于线形控制目标的天际线规划中利用的预期方向有：

（1）在绿色天际线规划中引入分形理论，分析天际线分形特征，测度城市自然形体的分形维数。

（2）以自相似性原理建立天际线局部与整体的形式关联。

（3）建立人工构筑物天际线与自然形体天际线之间的关联，建立天际线线形内部的连续，借助分形原理使城市建构筑物天际线更贴近城市生态环境的基底形态。

6.3 天际线空间形体分形特征

6.3.1 近似的或统计学意义的自相似

　　城市天际线从整体上观察是包含人工建构筑物、自然形体（山体、植被等）等要素的城市垂直空间综合形体，从细部分析是由单独的建筑物、建筑物组合、山脊线等物体构成的轮廓线，在视觉尺度内，其细部和整体间存在分形的自相似性，如图6-3中两个尺度的天际线间存在形体的自相似性。图中选取香港维多利亚港的天际线分析天际线的自相似性，在尺度①视野中，可以获得维多利亚港的建筑构筑物天际线整体风貌，选取图示虚线框部分进行局部放大，放大后得到尺度②视野中的天际线风貌，两种尺度下天际线线型有明显的相似性，即天际线分形线形具备近似的或统计学意义的自相似性，这种自相似性在其他的尺度视野中同样适用。

图6-3　等级尺度下天际线的自相似性

6.3.2 分形维数大于拓扑维数

天际线是几何体中的线形体，线状形体拓扑维数严格等于1，作为分形形体，天际线的分形维数大于其拓扑维数，维数数值介于1和2之间，根据实证中采用计盒维数计算天际线分形维数，获取的数据结果相关系数水平高，基本达到90%以上（见图6-4），进一步说明天际线具备"分形维数大于拓扑维数"的分形基本特征。

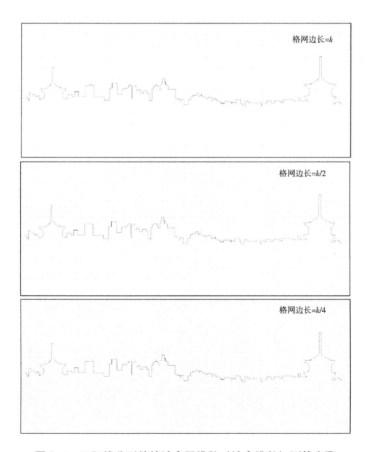

图6-4 天际线分形的统计盒子维数（计盒维数）测算步骤

　　分形维数是分形形体固有的属性量，通过测算高于拓扑维数的分形
维数数值，可以揭示天际线的分形特征，作为天际线线形控制的参照。
在进行天际线线形规划时，计算出的分维系数既可以用于评价天际线景
观的复杂性，又可直接作为天际线线形的输入参数来确定天际线线形规
划方案，协调人工环境天际线线形与自然形体天际线线形。

6.4 国内外标识性天际线景观的分形维数测算

6.4.1 计算方法和计算工具

分形维数算法有小岛法、计盒维数法、结构函数法等基本方法，其中计盒维数法应用广，对各种分形维数适用性较好，算法效率高。本书采用计盒维数法计算标识天际线景观的分形维数，具体方法为：建立由边长为 k 的等边方格组成的格网，覆盖天际线线形的范围框，则部分小方格与天际线曲线相交，部分为空，计算与天际线线形相交部分的非空方格，所得的非空方格数记为 $N(k)$。然后缩小方格的尺寸，所得 $N(k)$ 自然要增大（见图6-4），当 $k \rightarrow 0$ 时，得到天际线分形的统计盒子维数 D：

$$D = -\lim_{k \to 0} \frac{\log N(k)}{\log k}$$

由于计盒维数法的统计量较大，为提高计算效率，通常在实证研究中采用分形统计软件代替人工逐项计算，本书采用FRACTALYSE2.4计算天际线分形维数。

6.4.2 国内外部分城市的标识性天际线的分形维数计算

城市之间由于社会经济发展条件和城市管理政策的差异，形成天

际线线形的客观分异现象，为揭示天际线在各类城市之间的分异规
律，本书综合考虑国际都市、国内二线城市、国内三线城市等各种类
型和规模等级的城市，选取国内外20个城市计算其标识性天际线的
分形维数。书中所计算的城市天际线来源于各类资料影像，以甄选出
的公众认知度较高的天际线图像作为基础图片，将基础图片导入Au-
toCAD 2012软件，对天际线进行线形矢量化，得到各城市标识天际线
线形（见图6-5）。由于FRACTALYSE2.4分形统计软件仅支持单色
BMP和TIFF图像，完成图像矢量化后需对图像进行单色转换，处理
获得天际线线形的单色BMP格式图片，然后经FRACTALYSE2.4中的
计盒维数计算模块，计算获得天际线分形维数值及数值的相关性
信息。

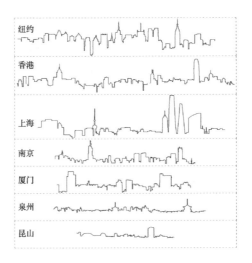

图6-5　天际线线形矢量化示意

以2013年的香港维多利亚港区、泉州市城区的天际线为例，计算其

维数值分别为1.165、1.139,所得数据的双对数坐标呈现显著聚合,如图6-6所示,且拟合相关系数均在0.95以上(即拟合的置信水平达到95%以上)。重复以上操作过程,分别计算国内外部分城市的标识天际线分形维数(见表6-1)。

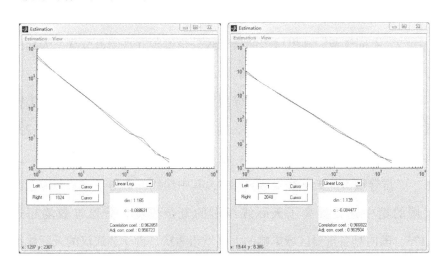

图6-6 香港、泉州天际线分形维数计算结果

表6-1 国内外部分城市的标识性天际线分形维数

城市	分形维数	城市	分形维数
纽约	1.176	芝加哥	1.180
香港	1.165	多伦多	1.167
上海	1.181	新加坡	1.169
广州	1.167	重庆	1.161
南京	1.160	西安	1.152
武汉	1.155	南昌	1.153
泉州	1.139	福州	1.154
厦门	1.143	青岛	1.147
昆山	1.122	江阴	1.126
晋江	1.125	石狮	1.132

根据数据结果分析城市类型、规模与天际线维数关系，归纳城市天际线分形维数的总体规律：

（1）计算获得的各分形维数相关性普遍达95%以上，进一步验证天际线分形维数是天际线线形的基本属性量，分形维数计算可作为量化绿色天际线线形规划目标的直接依据。

（2）不同等级、规模城市的天际线分形维数存在明显分异，天际线分形维数与城市的经济社会发展水平、区域影响力存在关联。

（3）根据计算结果，天际线分型维数在各城市之间具备显著聚类特征，根据分形维数数值变化范围，对选取的城市进行聚类（见表6-2）：具备显著国际影响力城市如纽约、芝加哥、多伦多、香港、新加坡、上海、广州等城市的天际线维数≥1.165，其中纽约、芝加哥、上海因摩天大楼的集中建设提高了天际线线形的复杂程度，分形维数均超过1.175。国内具备重要区域影响的大型城市重庆、南京、武汉的天际线维数在1.155~1.164区间。国内大中型城市西安、福州、厦门、青岛、泉州天际线维数在1.135~1.154区间。国内中小城市昆山、江阴、晋江、石狮大际线维数在<1.135区间内。

表6-2　基于天际线分维维数的城市聚类

分形维数值范围	含括的选取城市	城市类型	维数变化幅度
≥1.165	纽约、芝加哥、香港、新加坡、多伦多、广州、上海	国际大都市	维数变化范围大，部分超过1.180
1.155~1.164	重庆、南京、武汉	国内超大型城市	维数变化范围0.010，较小，城市数量少
1.135~1.154	西安、福州、南昌、厦门、青岛、泉州	国内大中型城市	维数变化范围0.020，城市数量较多
<1.135	昆山、江阴、晋江、石狮	国内中小城市	维数变化大，城市数量较多

6.5　研究区城市天际线的分形维数计算

自然形体天际线和人工建构筑物天际线是天际线层次结构的基本组成，城市空间景观形态中的两类天际线通常有不同的组合方式，自然形体（山体等）、人工建构筑物各自发挥天际线背景、前景天际线的作用，或因景观生态要素在空间的组合方式的多样化而在天际线背景和前景天际线之间交换变化。因此，本书在分析城市天际线分形维数中，分别计算自然形体（山体等）天际线、建构筑物天际线的分形维数，以综合获取研究区天际线的分形特征。

6.5.1　自然形体分形测度的作用

（1）城市是人类改造自然环境的产物，天际线等城市空间形态受自然环境约束，城市景观生态环境中的山体、水体又是天际线组成的关键要素。自然形体分形测度，是掌握城市景观生态要素的分形属性，进一步分析天际线分形特征的基础性工作。

（2）城市天际线分形体具备自相似性特征，其自相似性既存在于不同尺度的局部与整体中，也一定程度体现在天际线的自然形体与人工构筑物之间的自相似。因此，测度自然形体分形，将为人工建构筑物天际线的分形控制提供定量参照。

6.5.2 自然形体分形维数计算

分形维数是天际线形体的基本属性量，自然形体的分形测度立足分形维数计算。从研究区的景观生态特征出发，自然山体是影响南安市滨江区域天际线分形特征的首要自然形体，因此本书尝试测算自然山体的分形维数，计算山脊线连续形成的线形分形维数，以此度量城市天际线背景的分形特征。

计算方法仍然采用计盒维数法，利用FRACTALYSE2.4分形统计软件计算山脊线分形维数。山脊线线形的矢量化信息来源于研究区数字高程模型DEM，将DEM图像（见图6-7）导入CAD进行矢量化，矢量化后导出并转换为单色BMP图像，最后在FRACTALYSE2.4中计算山脊线的计盒维数。

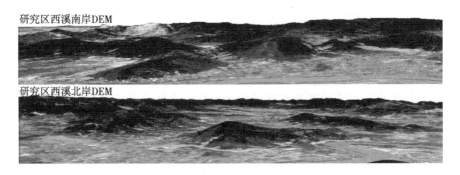

图6-7　研究区西溪南岸、北岸DEM

计算得到研究区西溪南、北岸山脊线分形维数分别是1.095、1.098（见图6-8），分析计算结果获得以下信息：

（1）数值较低的分形维数表明城市山体天际线线形的连续性好，垂直变化和缓，符合丘陵和低山的城市基本地貌特征。

（2）南北岸山脊天际线分形维数近乎相等，表明西溪南北岸有较为一致的山体天际线景观。

（3）山体天际线是城市天际线的背景部分，连续、和缓的山脊线形为城市提供良好的景观视觉条件。山脊线形本身虽未有高分形维数及垂直空间强烈对比的景观效果，但作为天际线背景部分，可有效衬托人工建构筑物天际线的分形特征。

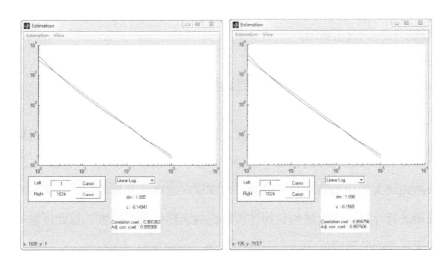

图6-8　西溪南岸、北岸山脊线分形维数计算结果

6.5.3　人工建构筑物分形测度的作用

（1）人工建构筑物天际线是城市天际线的核心组分，其相对强烈的垂直空间变化是城市天际线区别于乡村等其他区域天际线的标志，人工建构筑物天际线的分形维数一定程度反映城市人地关系作用的强度，人工建构筑物天际线分形测度，是进一步获取城市景观生态信息，获取天

际线分形特征的基础工作。

（2）人工建构筑物分形测度的另一作用是作为评估天际线分形的基本依据。城市天际线分形的自相似体现在局部与整体、自然形体与人工建构筑物之间。因此，测度人工建构筑物天际线的分形，是基于自相似分形特征评估人工建构筑物天际线与自然形体天际线的协调关系。

（3）量化人工建构筑物分形维数控制的直接参照。基于分形理论的天际线规划的目标可以量化为天际线的分形维数，以符合城市发展水平、适应城市景观生态条件的人工建构筑物分形维数作为绿色天际线规划线形控制的直接参照。

6.5.4 人工建构筑物分形维数计算

人工建构筑物分形维数计算立足体现城市人工建构筑物环境的总体分形特征。从研究区的景观生态特征出发，分别计算研究区西溪南、北岸的现状人工建构筑物分形维数，取滨江区域南、北岸的标识性天际线线形进行计算，确定建构筑物连续形成的天际线分形维数，以此度量城市天际线的分形特征。

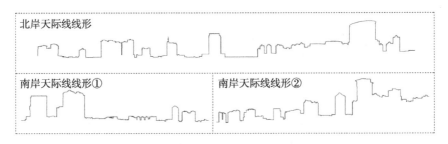

图6-9　西溪南岸、北岸的标识性人工建构筑物天际线线形

计算操作与自然形体天际线分形维数计算基本一致，区别是分形维数计算软件处理的底图来源于现状天际线实地取像，以在城市景观节点观察获取西溪南岸、北岸人工建构筑物天际线线形图（见图6-9），作为底图进行分形维数计算。

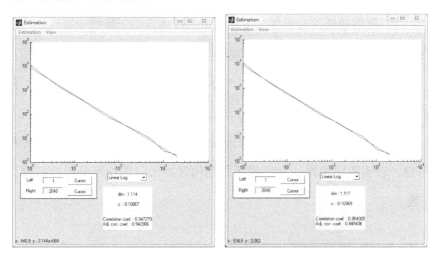

图6-10　西溪南岸建构筑物天际线的分形维数计算结果

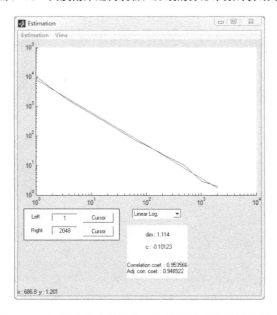

图6-11　西溪北岸建构筑物天际线的分形维数计算结果

　　计算得到研究区西溪南岸两个序列的建构筑物天际线分形维数分别是1.114和1.117（见图6-10），平均分形维数为1.116、北岸建构筑物天际线的分形维数为1.114（见图6-11），分析计算结果获得以下信息：

　　（1）数值较低的分形维数表明城市的建构筑物天际线连续性好，但空间垂直变化小，影响天际线景观作用的发挥。

　　（2）南岸两个序列建构筑物天际线的分形维数（1.114，1.117）存在一定差异，反映南岸建构筑物天际线分形存在一定程度的内部分异。

　　（3）南岸、北岸建构筑物的天际线分形维数相近，分别为1.116和1.114，表明西溪南岸、北岸现状的建构筑物天际线线形分形特征较为一致。

6.6 基于分形维数计算的城市天际线分形评价

6.6.1 研究区与同类型城市天际线分形特征的协调性评价

对国内外部分城市的天际线维数计算显示，天际线分形维数在各城市之间具备显著聚类特征，城市规模、区域影响力等级与其天际线分形维数大小等级具备高度正相关关系，城市等级、区域影响力越大，城市建构筑物的垂直空间形态对比越显著，天际线分形趋于复杂化。

根据城市的社会经济发展水平，研究区南安市属国内中小城市，基本与计算选取的昆山、江阴、晋江、石狮处于同一类型，根据城市天际线分形维数计算结果的聚类分析，该类型城市的分形维数≤1.135，经计算，南安市最具标识作用的滨江区域城市天际线分形维数分别为1.114（西溪北岸）和1.116（西溪南岸），与聚类分维数值范围相符，但与计算选取的同类城市差距明显，天际线分形特征与同类型城市的协调性低，偏小的现状天际线维数制约天际线景观作用的发挥。解决分形特征与同类型城市协调性低的问题客观要求：

（1）在城市规划与管理中重视天际线规划，发挥天际线规划在城市空间发展、景观建设中的引导地位。

（2）充分发挥天际线线形规划、控制的作用，以定量的分形维数指标控制天际线线形的变化。

6.6.2 山体天际线与建构筑物天际线的分形维数协调性评价

对研究区城市天际线结构分析表明，建构筑物天际线是城市天际线的核心组分，山体天际线多发挥天际线背景作用，因此其总体协调性取决于天际线核心要素与背景要素的协调，即建构筑物天际线与山体天际线的协调性关系决定城市天际线的总体景观质量。

对研究区的山体天际线、建构筑物天际线分形维数计算显示，西溪南岸、北岸山体天际线分形维数数值接近，平均值为1.0965，山体天际线总体维数值较低，天际线线形的连续性好，垂直变化和缓，且沿西溪两岸滨江区域有较为均质的山体天际线线形。西溪南岸、北岸建构筑物天际线分形维数分别为1.116和1.114，平均值为1.115，建构筑物天际线与山体天际线的分维数值协调性较好，但两者的协调关系是分形维数均处于较低水平的协调，反映城市现状的建构筑物天际线景观作用不显著。作为滨江区域城市天际线的核心组分，难以突出城市建构筑物天际线的典型分形特征，城市天际线意象受制约。

6.7 本章小结

本章研究将分形理论与分形维数量化方法引入天际线线形分析，分析城市天际线的分形特征，定量天际线空间形体的分形特征。采用计盒维数法计算部分国内外认知度较高的城市天际线的分形维数值，根据数据结果分析城市类型、规模与天际线维数关系，归纳城市天际线分形维数的总体规律。计算研究区的建构筑物天际线、自然形体（山体）天际线的分形维数，综合获取研究区天际线的分形特征。结合城市天际线分形维数总体规律、研究区现状天际线的分形维数，评价研究区城市天际线的分形特征。

第7章 绿色天际线高度与线形控制

高度和线形控制是城市天际线规划的两项基本目标,是引导天际线景观建设的直接依据。城市绿色天际高度与线形控制立足于城市景观格局、天际线用地建设、天际线分形的协调发展:①以城市景观生态格局特征确定景观生态建设和保护重点,引导天际线规划;②依据景观生态用地适宜性评价,建立天际线高度控制区划方案;③依据城市天际线分形特征评价,建立天际线线形控制策略。

7.1 基于用地适宜性评价的天际线高度控制区划

城市天际线规划以用地规划为承载,用地适宜性综合评价叠合了天际线的景观生态因素信息,其结果反映天际线用地建设的景观生态适宜程度,体现用地对建构筑物天际线高度和建设强度的综合承载能力。依据用地适宜性综合评价,基于格网用地单元,确定天际线高度控制区划方案,将规划区用地划分为天际线高度重点建设区、适建区、限建区、禁建区四类(见图7-1)。

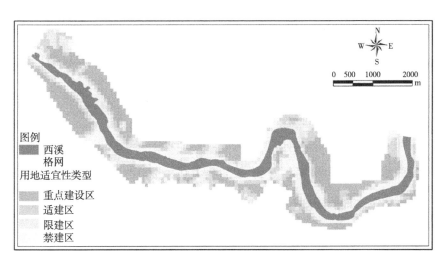

图7-1　基于格网用地的天际线高度控制区划

7.1.1　重点建设区控制指引

（1）类型特征。重点建设区具备天际线建设适宜度最优的用地条件，天际线景观建设基本不对城市生态环境产生威胁，用地进行高体量天际线建设利于优化城市天际线景观，形成主要景观节点。

（2）天际线规划定位。强化建构筑物垂直空间形态，定位为天际线线形的波峰建设区域，重点建设形成城市天际线景观节点，展示天际线标识性意象。

（3）项目准入。重点建设区以高强度建构筑物建设和土地利用方式为主，提高天际线建设最低高度门槛，项目建设以高容积率建筑形式进行控制，准入项目类型以居住、商业、公共设施项目为主，除重大交通基础设施和必要的市政公用设施和公共绿地外，禁止工业和仓储、低密度的居住公用设施等用地项目。

（4）建筑高度、容积率控制。根据天际线用地的景观适宜性评价结果，重点建设区基本位于离岸距离>100m，核心区为离岸距离100~200m之间的用地。结合重点建设区强化天际线垂直空间形体的规划目标，以>10°为景观视觉仰角，计算建构筑物限高最低值为：

$$H_{low} = (L_{river} + L_1) \cdot \tan\theta$$

式中L_{river}为西溪干流的平均宽度，以河流面积统计、流向中心线长度的比值计算平均河宽L_{river}=212m，L_1=100m，θ=10°（见图7-2），计算得到建构筑物最低限高H_{low}≈55m。

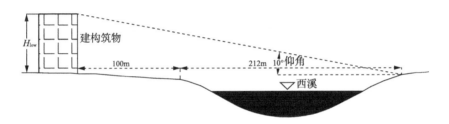

图7-2　重点建设区最低高度控制

据此，确定建构筑物最低高度为55m，最高高度控制依据用地与山体位置关系进行控制（见表7-1、图7-3），以30%平均建筑密度计，规划容积率不低于5.4。

表7-1　建构筑物与山体位置关系及限高　　　　　　　　　　　　　　　m

建筑限高（$H/3$，H为最邻近的山体高度）	凤凰山／275	南山／354	大帽山／250	吕厝山／242	复船山／240
北岸建构筑物限高	92	-	-	-	-
南岸建构筑物限高	-	118	83	81	80

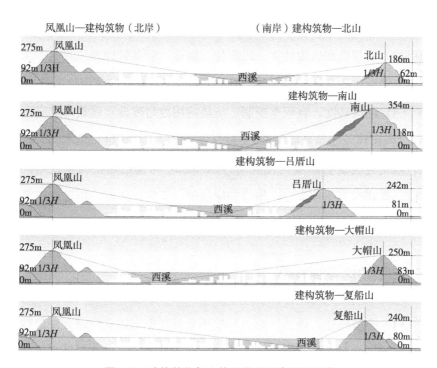

图7-3　建构筑物与山体位置关系类型及限高

7.1.2　适建区控制指引

（1）类型特征。适建区是天际线建设的重点区域，与重点建设区共同构成城市建构筑物天际线的主体建设区域。具备天际线建设适宜度较高的用地条件，天际线景观建设对城市生态环境影响较小，用地实施建构筑物天际线建设是拓展天际线水平线形规模的基本路径。

（2）天际线规划定位。考虑适建区仅次于重点建设区的景观生态适宜性条件，规划定位为辅助、协调重点建设区的天际线景观建设，适当强化建构筑物垂直空间形态建设，形成连接天际线波峰与波谷的关键区域。

（3）项目准入。适建区以中等强度建构筑物建设和土地利用方式主，局部用地需考虑植被、水体、坡地、景观视廊等敏感景观生态因素的保护，项目类型适应性多，以居住、商业、公共管理和公共服务、公用设施建设项目为主，局部可作为无污染的工业和仓储等用地项目。

（4）建筑高度、容积率控制。从集约用地角度设置建筑门槛高度为24m（高层建筑起始高度标准），最高限高以重点建设区最低限高55m为准，限定建构筑物高度变化范围为24~55m。考虑适建区与重点建设区相比，景观生态条件次之，需增加绿地等生态空间预留，用地建筑密度调减至平均值为25%，计算确定其用地规划容积率控制范围为2.0~4.7。

7.1.3 限建区控制指引

（1）类型特征。限建区是天际线用地景观生态适宜性综合评价得分较低区域，为景观生态环境脆弱或敏感度较高区域，是滨江景观生态保育的重要区域，基本不适宜作为建构筑物天际线建设的用地区域。

（2）天际线规划定位。确保主要景观生态因素不受结构性影响，规划定位以景观生态保育为主，是建构筑物天际线波谷建设的关键区域。

（3）项目准入。限建区严格限制、审查项目准入条件。允许进入的用地项目应严格执行环境影响评价、听证、审查等程序，用地建设控制为低强、低密度形式.。准入项目类型限于公共管理和公共服务、公用设施、公园绿地项目。

（4）建筑高度、容积率控制。确需建设的项目，建筑最高高度以适建区的最低限高24m为准，禁止建设高层建筑，并提高绿地等生态用地比例，保证项目景观生态用地比例≥60%，控制建筑密度≤15%。综合建筑高度和密度规划指标，控制建设容积率≤1.2。

7.1.4　禁建区控制指引

（1）类型特征。禁建区是天际线用地景观生态适宜性综合评价得分最低区域，为景观生态环境高脆弱、高敏感度区域，是滨江景观生态保育、景观生态重建、恢复的核心区域，关系城市可持续发展的关键区域。

（2）天际线规划定位。禁建区在天际线景观生态系统中定位为：经保育和恢复，形成城市天际线前景的生态要素，或作为城市天际线的核心视廊。

（3）项目准入。禁止建构筑物天际线建设。确需建设的项目应根据景观生态因素实际水平，严格确定环境影响评价等级，执行环境影响评价、听证、审查等程序，并进一步进行天际线影响论证。准入项目类型限于公用设施、公园绿地项目。

（4）建筑高度、容积率控制。建筑高度控制低于3层（10m），并预留≥80%的用地作为绿地等生态用地，控制建筑密度<10%，综合建筑高度和密度规划指标，控制建设容积率<0.3。

综合重点建设区、适建区、限建区、禁建区各建构筑物高度控制分区的规划指标，确定绿色城市天际线的主要规划控制指标（见表7-2），作为天际线规划管理的直接依据。

表7-2　各类高度控制分区的规划指标

基本规划指标	重点建设区	适建区	限建区	禁建区（确需建设项目）
高度	≥55m，小于最高限高	24～55m	<24m	<10m
建筑密度	25%～35%	20%～30%	<15%	<10%
容积率	≥5.4	2.0～4.7	<1.2	<0.3

7.2　基于景观生态格局特征的天际线规划引导策略

7.2.1　景观多样化保护与天际线规划引导策略

城市景观生态格局量化分析显示，南安市区 Shannon 景观多样性指数呈现下降趋势。滨江区域作为城市发展轴线、水体和植被集中区域，景观生态类型丰富，是城市景观多样性保护的关键区域，为城市天际线规划提供良好的要素基础。西溪干流水体保护严格，在景观类型中的面积比重得到提高，是滨江区域天际线的核心视域。景观多样化保护对天际线规划的约束与引导表现为：建构筑物天际线规划应减小对山体、植被、河塘和支流等自然景观的破坏，引导天际线建设过程中充分考虑湖塘、植被、河流等天际线前景生态要素的保育，提高绿地等形式生态用地配套建设规模，保护景观生态多样化。

7.2.2　景观集聚度保持与天际线规划引导策略

景观格局量化结果中，集聚度指数 AI 处于较高水平的有西溪河流干流景观、河塘及支流景观，平均斑块面积有一定程度增大，斑块景观功能得到增强，是天际线规划的重要景观要素。

建构筑物景观集聚度指数 AI 下降，反映建构筑物核心斑块扩展的同时，建构筑物景观的扩张主要沿北向、东向呈非点式分散扩展，分散作用超过集聚作用，扩展过程相对分散，天际线连续线形的形成受制约，因此，人工构筑物天际线规划应从两方面进行引导：①引导规划用地延展式开发，提高天际线线形连续性；②引导集约用地发展，进一步强化建构筑物核心斑块的天际线景观功能。

7.2.3　景观面积和形状格局指数变化与天际线规划引导策略

面积和形状格局指数定量分析显示，受城市建构筑物景观拓展影响，城市山体覆被及绿地景观面积下降，景观趋于破碎，部分坡度较大的山体用地被平整作为建设用地，丘陵山地城市自然山体形式的天际线背景局部遭到破坏。因此，天际线规划应约束天际线背景山体和植被的保护，执行天际线用地建设的限建和禁建控制。

7.3 基于天际线线形维数量化目标的天际线规划控制

7.3.1 天际线分形维数控制

建构筑物天际线是城市天际线的核心组分，山体天际线多发挥天际线背景作用，强化两者的差异化分形特征应是天际线规划的基本目标，因此其总体协调性的实现应以强化建构筑物天际线分形特征，合理提高建构筑物分形维数为途径。与国内同类城市相比，南安市滨江区域天际线线形分形维数（1.113）仍处于较低水平，较低分形维数影响建构筑物天际线景观功能的发挥。

参照分形维数计算结果，获取国内发展水平较高的中小城市天际线分形维数的一般数值范围为1.120~1.135，确定南安市分形维数规划目标为1.130左右，天际线规划中分形维数提高应加强城市垂直空间差异化规划，结合天际线建设高度区划，塑造天际线波峰、波谷，强化建构筑物形成的标识性天际线高度。

7.3.2 山脊线形的控制

山体天际线是城市天际线的背景部分，连续、和缓的山脊线形为城市提供良好的景观视觉条件。山脊线形本身虽未有高分形维数、垂直空间强烈对比的景观效果，但作为天际线背景部分，可有效衬托人工建构筑物天际线的分形特征。因此，天际线规划应引导重点保护山脊线形，协调山体天际线背景与建构筑物天际线。

7.3.3 城市天际线动态规划与天际线分形监测评价

城市发展决定了天际线分形维数的动态变化性。因此，天际线的分形控制应加强动态规划与分形监测，在天际线规划、管理过程中针对城市主要景观观赏节点，设置天际线标准观测和采集点，动态监控天际线分形维数变化，为城市天际线线形动态规划和管理采集准确的分形特征数据，根据分形维数变化情况进行规划的动态调整。

7.4 本章小结

天际线是城市的空间形态景观，高度和线形控制是天际线规划的基本目标。本章研究立足于天际线景观生态格局分析、天际线用地景观生态适宜性评价、天际线的分形特征量化与评价等实证结果。依据用地景观生态适宜性评价，建立天际线高度控制区划方案，将研究区划分为天际线高度重点建设区、适建区、限建区和禁建区，针对分区的用地景观生态适宜性特征，进行天际线规划定位、项目准入控制，确定建筑高度、密度、容积率规划指标；以城市景观生态格局分析为依据，从景观多样化保护与天际线规划、景观集聚度保持与天际线规划、景观面积和形状格局指数变化与天际线规划三方面提出天线规划引导策略。依据城市天际线分形特征评价，建立天际线线形控制策略；以天际线线形维数量化评估为依据，确定天际线分形维数控制、山脊线形控制、天际线动态规划与分形监测目标。

第8章　结论与展望

　　本书以多学科交融的研究视觉，尝试构建城市绿色天际线规划的理论模式和实证路径。研究在生态学、环境科学、地理学、管理学、数学与统计信息学等基础理论框架下，对天际线规划相关理论、概念进行分析和界定，提出基于景观生态分析的城市绿色天际线规划思路。综合利用景观生态规划理论、分形理论、城市管理理论等应用学科理论，采用ARCGIS、FRAGSTATS、FRACTALYSE等空间分析与统计的技术工具，以南安市滨江城市绿色天际线规划为实证，通过定量化的景观生态格局指数分析，研究城市生态格局特征及其变动趋势，评估景观生态格局对天际线规划的影响；通过用地的景观生态适宜性评价，评估天际线用地建设的景观生态适宜性条件；通过天际线分形特征的量化和评估，评价城市天际线的分形特征。并依据用地的景观生态适宜性评价结果，建立天际线高度控制区划方案；依据天际线分形评估结果，提出天际线线形控制目标和策略；依据景观格局特征、变动及其对天际线规划的影响评估结果，完善景观生态保护与建设的天际线规划引导策略。

8.1 研究结论

8.1.1 城市绿色天际线规划及天际线结构、要素

天际线是城市形体轮廓景观，是城市环境中的空间形态景观，天际线景观的形成与演变植根于城市环境，是城市环境发展的产物。其景观的演变以城市环境为基底，反映城市景观生态因素的变动，并因在景观建设中叠加了人工建设要素而对城市环境产生影响。城市绿色天际线规划的抽象特征概念类似于城市绿色建筑，是在更大尺度的城市垂直空间形态规划中以环境持续发展为目标，协调城市人工环境与自然环境关系，确定天际线高度与线形控制方案的环境设计与城市管理过程。天际线要素是天际线景观的组分，根据属性划分为自然要素、人工要素和视觉要素，要素之间联系形成不同的空间组合形式，构成天际线结构。从视觉层次分析，天际线的景观构成在纵深方向上包含前景、中景和背景三类结构层次。

8.1.2 城市景观生态格局

景观格局指数分析方法是城市景观生态分析的定量方法，利用FRAGSTATS 4.2集成的系统景观格局计算工具，从景观水平、斑块类型

水平两个分析层次，量化景观、景观类型的格局特征及变化趋势，结果显示：南安市城市景观生态受人为干扰程度加大，景观总体趋于破碎；斑块受城市建设的控制，形状由不规则向规则变化，景观破碎化后总体形状趋于复杂；城市建设扩展，景观之间的联系得到加强，但扩张建设较为分散，呈现多处协同式拓展；景观多样性出现下降。结合量化结果，评价城市景观格局特征及变动对滨江区域天际线规划的影响：

（1）多样性的景观生态类型为城市天际线规划提供良好的要素基础。西溪干流水体保护严格，在景观类型中的面积比重得到提高，是滨江区域天际线的核心视域。

（2）城市山体绿地和植被景观面积下降，景观趋于破碎，景观的中心斑块减弱，山体天际线背景局部遭到破坏。

（3）建构筑物景观的中心斑块得到加强，利于天际线垂直空间形体的规划。

（4）建构筑物景观的扩展形势下，景观多样性出现下降，山体植被、河塘支流景观规模的下降影响景观多样性保护，间接影响天际线景观多样性。

8.1.3 天际线用地的景观生态适宜性

用地的景观生态适宜性评价是进行天际线高度控制区划的基本依据。评价以因子识别出发，确定评价指标并对评价指标进行初始等级赋值，分别对视廊和视域、地形坡度、离岸距离、地形风区、距地震断裂带距离、植被覆盖质量等6项指标进行单因素评价，完成单因素指标评价后，结合指标得分和权重赋值，基于 ARCGIS 格网用地单元划分方案，开展用地的景观生态适宜性综合评价，评估天际线建设用地的整体适宜性，将研究区的用地景观生态适宜性划分为适宜、较适宜、基本不适宜和不适宜四类，建立基于格网的用地景观生态适宜性综合区划方案，评价天际线建设用地的景观生态适宜性及分布特征：

（1）不适宜用地与基本不适宜用地占格网总面积的49.98%，表明滨江景观生态敏感区域较大，对天际线用地建设限制性显著。

（2）适宜用地和较适宜用地占可用地总面积的50.02%，表明滨江区域作为城市景观生态系统的核心地区，用地的建设与天际线景观生态的保护不存在根本矛盾。

（3）不适宜用地与基本不适宜用地存在显著的空间集聚，大体呈带状连续分布，主要集中于沿江离岸100m范围内、景观视廊区、区域内山体和高质量植被覆盖区等区域。

（4）适宜用地和较适宜用地被以西溪为中心的其他两类用地所分隔，呈现组团式分布特征，分布于离岸距离>100m、景观视廊两侧、山体和高等级植被覆盖区周围，适宜进行组团用地开发。

（5）适宜用地、较适宜用地沿西溪存在显著空间分布不均衡，在研究区内西段和东段分布较集中。

8.1.4 天际线的分形特征量化与评价

分形是天际线线形基本特征，分形维数是天际线固有数量属性。运用计盒维数法及FRACTALYSE2.4分形统计软件，计算国内外部分城市认知度较高的城市天际线分形维数，结果反映天际线的分形维数与城市规模、影响力存在显著正相关关系，据此聚类得到城市天际线分形维数类型：国际大都市维数≥1.165、国内超大型城市维数为 1.155~1.164、国内大中型城市维数为 1.135~1.154、国内中小城市维数≤1.135。之后，分别计算研究区的建构筑物天际线、自然形体（山体）天际线的分形维数。结合城市天际线分形维数总体规律、研究区现状天际线的分形维数，评价研究区城市天际线的分形特征，结果显示：

（1）滨江区域城市天际线分形维数分别为 1.114（西溪北岸）和 1.116（西溪南岸），与城市聚类分维数值范围相符，但与计算选取的同类城市差距明显，天际线分形特征与同类型城市的协调性低，偏小的现状天际线维数制约天际线景观作用的发挥。

（2）滨江区域南岸、北岸山体天际线分形维数数值接近，平均值为 1.0965，山体天际线总体维数值较低，天际线线形的连续性好，垂直变化和缓，且沿西溪两岸滨江区域有较为均质的山体天际线线形。建构筑物天际线与山体天际线的分维数值协调性较好，但两者的协调关系是分形维数均处于较低水平的协调，城市现状的建构筑物天际线景观作用不显著。

8.1.5　绿色天际线高度与线形控制

高度和线形控制是天际线规划的基本目标。城市绿色天际线规划以景观格局分析、用地景观生态适宜性评价、分形特征量化与评价为依据，确定高度、线形控制：

（1）依据景观生态用地适宜性评价，建立天际线高度控制区划方案，将研究区划分为天际线高度重点建设区、适建区、限建区和禁建区，确定项目准入控制及各分区建构筑物规划控制指标：重点建设区高度≥55m，建筑密度为 25%~35%，容积率≥5.4；适建区高度为 24~55m，建筑密度为20%~30%，容积率为2.0~4.7；限建区高度<24m，建筑密度<15%，容积率<1.2；禁建区确需建设项目高度<10m，建筑密度<10%，容积率<0.3。

（2）依据天际线分形维数量化评估，确定天际线分形维数控制目标为1.130，并应加强山脊线形的保护，建立天际线动态规划与分形监测机制。

（3）依据景观格局分析，确定天际线规划引导策略。为保护城市景观多样性，建构筑物天际线规划应减小对山体、植被、河塘和支流等自然景观的破坏；为增强要素的景观功能，应充分发挥集聚度水平较高的西溪河流干流、河塘及支流景观功能；为增强建构筑物天际线功能，应引导提高建构筑物景观的集聚度，引导规划用地延展式开发，提高天际线线形连续性；引导集约用地发展，强化建构筑物核心斑块的天际线景观功能。

8.2 研究创新点

（1）理论创新。首次提出城市绿色天际线规划理念，建立基于景观生态系统分析绿色天际线规划模式。城市天际线作为景观资源纳入城市规划范畴在国外兴起不久，理论体系及实践方法尚处于建立过程，国内相关系统研究较少，从景观生态分析角度进行天际线规划研究的文献更为匮乏。本书梳理天际线规划的理论和研究基础，拓展天际线规划研究的理论视野，尝试建立包含规划目标、规划原则、研究模式的理论框架，初步构建城市绿色天际线规划理论，成为环境科学、地球信息科学与城市规划理论的新结合点。

（2）方法创新。将新应用技术、方法引入城市天际线规划，建立城市绿色天际线规划的方法体系。在城市景观格局分析、天际线用地适宜性评价、天际线分形量化与评价为中，结合 ARCGIS 空间处理和分析工具、FRAGSTATS 景观格局统计工具、FRACTALYSE 分形维数计算工具，运用计盒维数法、景观格局指数及 GIS 空间统计和分析等方法，为绿色天际线规划实践引入高效、可行的应用方法和技术。

（3）实践创新。以定量规划方法进行实证区研究，提出绿色天际线规划的空间区划方案和线形控制指标，解决传统城市规划设计理论在环境、生态控制与设计普遍存在的目标难以准确量化、规划指标针对性不足等问题。建立滨江城市绿色天际线规划实证范式，确定基于格网用地单元的南安市滨江绿色天际线用地区划方案，为政府实施城市管理提供方案依据。

8.3 研究不足

本书的理论和实证部分仍存在一些不足，有待在后续研究中进一步改进。

（1）天际线与环境关系理论有待进一步完善。本书在城市天际线要素和结构、天际线与城市环境关系分析中，理论阐述了天际线与城市环境的关系，分析了环境因子对天际线用地建设的作用。囿于天际线与环境相互作用关系的复杂性，天际线与环境关系理论的系统阐述存在不足。

（2）对城市社会和经济因子的影响关注较少。本书立足于天际线与环境协调发展目标，以景观生态分析为基础构建城市绿色天际线规划模式，在城市景观生态特征及变化中结合分析了城市社会和经济影响，但关注仍有不足，可能造成天际线规划方案的局部适用性受到影响。

（3）绿色天际线规划实证研究中存在不足。在城市天际线的结构和要素分析、天际线分形定量研究中横向考虑了各类城市间的差异性，在天际线用地的景观生态适宜性评价中以景观生态因素的城市间差异，确定因子等级划分方案，但受制于研究区外其他城市的核心数据获取困难，因此，将研究目标定位于建立城市绿色天际线规划模式，并为研究区城市天际线规划管理提供直接方案，未全面开展各类城市绿色天际线规划对比研究，确定各类城市的规划方案。由此可能导致研究结论存在一定的局限性，但仍可作为规划模式参照应用于其他城市。

8.4 研究展望

除进一步完善上述不足外，在后续研究中还有一些方面值得深入探索。

（1）城市天际线规划是学科融合的研究方向，是城市规划和设计的前沿方向，进一步探索不同学科理论和方法的应用，将为天际线规划提供更为完善的理论和模式支撑。因此，以景观生态分析为基础，城市绿色天际线规划的系统理论还将在未来的发展中进一步融入其他学科、方向的研究模式和方法，如景观基因（遗传）理论、城市社会心理学等。

（2）天际线规划控制指标的拓展和标准。城市绿色天际线规划是城市管理的依据，规划最终应落实到用地和建设控制指标，规范化、标准化的规划指标是精确管理的基本要求，除本书研究方案中的建筑高度、建筑密度、容积率、分形维数等规划指标外，可以预见未来在天际线高度和线形控制规划研究中，还将形成其他具体的技术指标，并逐步实现指标体系的标准化。

参考文献

[1] 饶映雪,戴德艺.自然环境约束下的城市天际线景观组织研究——以南安市为例[J].城市问题,2012(12):12-16.

[2] 傅刚.曼哈顿天际线:纽约摩天楼百年[J].世界建筑,1997(2):22-25.

[3] 查振华.论城市形象的构成[J].城乡规划,2009(5):90-93.

[4] 余柏椿.非常城市设计——思想、系统、细节[M].北京:中国建筑工业出版社,2008.

[5] 库德斯.城市形态结构设计[M].杨枫,译.北京:中国建筑工业出版社,2008.

[6] FALCONER K.分形几何——数学基础及其应用[M].曾文曲,译.北京:人民邮电出版社,2007.

[7] MANDELBROT B B.Fractals:form, chance, and dimension[M].San Francisco:W.H. Freeman and Company Press,1977.

[8] BLACKWELL W.Geometry in architecture[M].New York:Wiley Press,1984.

[9] 谢和平,薛秀谦.分形应用中的数学基础与方法[M].北京:科学出版社,1997.

[10] 张济忠.分形[M].北京:清华大学出版社,1995.

[11] 科斯托夫.城市的形成[M].单皓,译.北京:中国建筑工业出版社,2005.

[12] KOSTOF S.The city shaped:urban patterns and meanings through history[M]. New York:Bulfinch Press,1991.

[13] KEVIN L.The image of the city[M].Cambridge, MA:The MIT Press,1995:117-130.

[14] KEVIN L.Managing the sense of a region[M].Cambridge MA：The MIT Press，1976.

[15] CHRISTOPHER T.Gardens in the modern landscape[M].New York：The Architectural Press，1938.

[16] ATTOE W.Skyline understanding and molding urban silhouettes[M].New York：John Wiley & Sons Inc.press，1981.

[17] BIANCA S.Designing compatibility between new projects and the local urban tradition，in The Aga Khan Program for Islamic architecture[M].Cambridge：Continuity and Change Press，1984.

[18] TRIEB M.Urban design：theory and practice[M].Stuttgart：Stuttgart press，1979.

[19] BOR W.The making of cities[M].London：Leonard Hell，1972.

[20] SITTE C.The art of building cities[M].New York：Hyperion Press，1979.

[21] COHEN N.Urban conservation[M].Cambridge，MA：The MIT Press，1999.

[22] Urban Skylines and Hillfaces Committee.Planning guidelines：urban skylines and hillfaces[M].Tasmania，Australia：Tasmania Press，2000.

[23] MAK A S H，YIP E K M，LAI P C.Developing a city skyline for Hong Kong using GIS and urban design guidelines[J].URISA journal，2005，17（1）：133-142.

[24] ABU-GHAZALAH S.Skyscrapers as tools of economic reform and elements of urban skylines：case of The Abdali Development Project at Amman[J].METU JFA，2007，24（1）：49-70.

[25] ABU-GHAZALAH S.Royal in Amman：a new architectural symbol for the 21st Century [J].Cities journal，2006，23（2）：149-159.

[26] EVENSON N.Paris：the heirs of Haussmann：hundred years of work and planning[M].Grenoble：Grenoble University Press，1983.

[27] HALL P.The world cities:London[M].London:Weidenfeld and Nicoson Press,1984.

[28] KOSKI C.Examining state environmental regulatory policy design[J].Journal of en-viron-mental planning and management,2010,50(4):483-502.

[29] MICHAEL K P.Green building performance prediction and assessment[J].Building re-search & information,2000(28):5-6.

[30] LARSSON N.Public and private strategies for moving towards green building practices [J].Industry and environment,1996,19(2):4-6.

[31] BREEAM Communities technical guidance manual[M].Britain:BRE Global Ltd.,2009.

[32] LEED 2009 for neighborhood development rating system[M].Washington，DC：U.S. Green Building Council Press,2009.

[33] GSA LEED cost study:final report[R].Washington，DC:U.S.General Services Adminis-tration,1999.

[34] 魏太兵.基于LEED的房地产绿色评价研究[D].西安:长安大学,2006.

[35] 陆小成.纽约城市转型与绿色发展对北京的启示[J].城市观察,2013(1):125-132.

[36] 黄焕.解读芝加哥的城市天际线[J].国际城市规划,2006,21(4):61-66.

[37] 吴永才.芝加哥城市天际线及对国内城市天际线建设的启示[J].城市管理与科技, 2014,4.

[38] 芮建勋,徐建华,宗伟,等.上海城市天际线与高层建筑发展之关系分析[J].地理与 地理信息科学,2005(2):74-81.

[39] 恽爽.北京市控制性详细规划控制指标调整研究——建筑控制高度指标[J].城市 规划,2006,30(5):38-43.

[40] 许烨.城市天际线评价与控制研究[D].苏州:苏州科技大学,2010.

[41] 张建华,潘蕾.滨海环山城市天际线景观的组织与塑造——以烟台滨海天际线景

观特色为例[J].城市发展研究,2010(9):77-84.

[42] 黄磊.济南城市天际线的解读与研究[D].济南:山东建筑大学,2011.

[43] 牟惟勇.城市天际线的研究与控制方法——以青岛滨海天际线为例[D].青岛:青岛理工大学,2012.

[44] 吕亚霓.基于3DCM的城市天际线提取与评价研究[D].西安:西北大学,2012.

[45] 泉州市城乡规划局,德国ISA意厦国际设计集团,泉州市城市规划设计研究院.城市天际线塑造与管理控制方法研究——泉州城市特色天际线的延续与整体发展[M].上海:同济大学出版社,2009.

[46] 王笑凯.天际线解读[D].武汉:华中科技大学,2004.

[47] 毕文婷.城市天际轮廓线的保护与设计[J].重庆建筑,2005(11):32-35.

[48] 黄艾,吴立威.宁波市三江口滨水核心区城市天际线的思考[J].安徽农业科学,2007,35(7):1998-2000.

[49] 杨果.基于公众调查的城市天际线空间规划控制研究[D].长沙:中南大学,2010.

[50] 廖维,徐燊.CBD天际线之新视野[J].华中建筑,2011(9):31-33.

[51] 余新晓,牛健植,关文彬,等.景观生态学[M].北京:高等教育出版社,2006.

[52] 傅伯杰,陈利顶,马克明,等.景观生态学原理及应用[M].北京:科学出版社,2011.

[53] MARSH G P.The earth as modified by human action[M].Whitefish,MT:Kessinger Publishing,2010.

[54] POWELL J W.The exploration of the Colorado River and its canyons[M].New York:Dover Press,1961.

[55] HOWARD E.Garden cities of tomorrow[M].London:S.Sonnenschein & Co.,Ltd. Press,1902.

[56] GEDDES P.Cities in evolution[M].London:Williams & Norgate Press,1915.

[57] MINGIONE E.Urban sociology beyond the theoretical debate of the seventies[J].International journal of urban and regional research,1986(2):145-149.

[58] CURTIS W J R .Le Corbusier:ideas and forms[M].London:Phaidon Press,1994.

[59] SAARINEN E.The city:its growth,its decay,its future[M].New York:Reinhold Publishing Corporation Press,1943.

[60] WRIGHT F L.The disappearing city[J].New York:Payson Press,1932.

[61] MCHARG I L.Design with nature[M].New York:Wiley Press,1995.

[62] 赵景柱.可持续发展理论[J].生态经济,1994,4:58-63.

[63] 张坤民.可持续发展论[M].北京:中国环境科学出版社,1997.

[64] 刘燕华,周宏春.中国资源环境形势与可持续发展[M].北京:经济科学出版社,2001.

[65] 钱易,唐孝炎.环境保护与可持续发展[M].北京:高等教育出版社,2000.

[66] 朱启贵.可持续发展评估[M].上海:上海财经大学出版社,1999.

[67] 刘黎明.乡村景观规划的发展历史及其在我国的发展前景[J].生态经济,2001,17(1):52-55.

[68] FISH A C.Resourceandenvironmentaleconomics[M].New York:Routledge,1981.

[69] PEZZEY J.Sustainable development concepts:an economics analysis[R].Washington,DC:WorldBank,1992.

[70] KERY S V,JOHN K V.Resource and environmental constraints on growth[J]. American journal of agricultural economics,1979,61:395-408.

[71] ARROW K,BOLIN B,COSTANZA R,et al.Economic growth,carrying capacity,and the environment[J].Science,1995,268:520-521.

[72] DAILY G C,EHRLICH P R.Population,sustainability and earth's carrying capacity[J].

BioScience,1992,42(10),761-771.

[73] FORMAN R T T,GODRON M.Landscape ecology[M].New York:WileyPress,1986.

[74] FORMAN R T T. Land mosaics:the ecology of landscape and region[M].Cambridge:
Cambridge University Press,1995.

[75] STEINER F.The living landscape:an ecological approach to landscape planning[M].
Washington,DC:Island Press,1990.

[76] 董雅文.城市景观生态学[M].北京:中国建筑工业出版社,1993.

[77] 徐仕成.景观生态学[M].北京:中国林业出版社,1996.

[78] 刘滨谊.现代景观规划设计[M].南京:东南大学出版社,1999.

[79] 傅伯杰.景观生态学原理及应用[M].北京:科学出版社,2001.

[80] 马世骏,王如松.社会-经济-自然复合生态系统[J].生态学报,1984,4(1):1-9.

[81] 王如松.城市生态位势探讨[J].城市环境与城市生态,1988,1(1):20-24.

[82] 王如松.生态库原理及其在生态研究中的作用[J].城市环境与城市生态,1988,1
(2):21-25.

[83] 陈涛.试论生态规划[J].城市环境与城市生态,1991,4(2):31-35.

[84] 王仰麟.渭南地区景观生态规划与设计[J].自然资料学报,1995,10(4):372-379.

[85] 肖笃宁.景观生态学在城市规划和管理中的应用[J].地球科学进展,2001,16(6):
813-820.

[86] 郭晋平,薛达,张芸香,等.体现地域特色的城市景观生态规划——以临汾市为例
[J].城市规划,2005,29(1):68-73.

[87] 俞孔坚.景观:文化、生态与感知[M].北京:科学出版社,1998.

[88] 王云才.景观生态规划原理[M].北京:中国建筑工业出版社,2007.

[89] 王紫雯.山地城镇的景观生态规划方法探讨[J].城市规划,1998,22(4):18-20.

[90] 宗跃光.城市景观生态规划中的廊道效应研究——以北京市区为例[J].生态学报,
1999,19(2):147-150.

[91] 车生泉,周武忠.城市绿地景观结构分析与生态规划——以上海市为例[M].南京:
东南大学出版社,2003.

[92] 付遥,汤洁,梁喜波.长春高新技术产业开发区绿地景观生态规划[J].地理科学,
2008,28(2):200-204.

[93] 卢伟,李淑,文鸿雁,等.基于遥感的城市景观生态环境格局分析[J].地理空间信
息,2009,7(2):62-64.

[94] 尹喆.哈尔滨城市景观生态规划与评价[D].哈尔滨:东北林业大学,2012.